"十二五"国家科技支撑计划——
"夏热冬冷地区建筑节能关键技术研究与示范"
课题九"浅层地热能集成应用技术与评估及示范"

水/土壤源热泵地下换热系统施工技术手册

主　编　潘玉勤

副主编　杜永恒

U0271584

黄河水利出版社

·郑　州·

内 容 提 要

本书是根据"十二五"国家科技支撑计划"2011BAJ03B09"——"夏热冬冷地区建筑节能关键技术研究与示范"研究成果编制而成的。本书分为水源热泵地下换热系统施工技术(上篇)、土壤源热泵地下换热系统施工技术(下篇),上篇内容包括水源井成井工艺、几种典型地质的回灌工艺、地下水换热系统存在的问题及防治措施;下篇内容包括地埋管换热系统材料及换热介质、地埋管换热系统施工工艺、地埋管系统管组优化及防堵塞措施、地埋管系统泄漏的故障诊断、热物性测试等。

本书可供从事地源热泵行业的技术人员学习和使用。

图书在版编目(CIP)数据

水/土壤源热泵地下换热系统施工技术手册/潘玉勤
主编. —郑州:黄河水利出版社,2016.2
ISBN 978 - 7 - 5509 - 1265 - 6

Ⅰ.①水… Ⅱ.①潘… Ⅲ.①热泵系统 - 换热系
统 - 地下工程 - 工程施工 - 技术手册 Ⅳ.①TU833-62

中国版本图书馆 CIP 数据核字(2015)第 251435 号

出 版 社:黄河水利出版社
　　　　地址:河南省郑州市顺河路黄委会综合楼 14 层　　邮政编码:450003
发行单位:黄河水利出版社
　　　　发行部电话:0371 - 66026940、66020550、66028024、66022620(传真)
　　　　E-mail:hhslcbs@126.com
承印单位:郑州瑞光印务有限公司
开本:787 mm × 1 092 mm　1/16
印张:11.25
字数:270 千字　　　　　　　　　　　　　　印数:1—1 000
版次:2016 年 2 月第 1 版　　　　　　　　　印次:2016 年 2 月第 1 次印刷

定价:33.00 元

《水/土壤源热泵地下换热系统施工技术手册》

编者名单

主　　编：潘玉勤

副 主 编：杜永恒

参编人员：栾景阳　刘　恺　李海峰　葛建民　常建国

　　　　　李　杰　范之敬　曹　静　杨国平　马校飞

　　　　　马晓旭　杜　朝　王海涛　温殿波　刘鸿超

　　　　　郭　猛　董金强　于飞宇　李永业　李发新

　　　　　王建兵

参编单位：河南省建筑科学研究院有限公司

　　　　　河南工业大学

　　　　　中冶集团武汉勘察研究院有限公司

　　　　　山东科灵空调设备有限公司

　　　　　河南省地矿建设工程(集团)有限公司

前　言

在我国明确提出建设节约型社会,实现可持续发展的形势下,减少矿物能源的消耗,提高可再生能源在社会能源消耗中的比重已成为人们的共识。地源热泵技术作为一项可再生能源利用技术,在我国经过近20年的发展,尤其是"十一五"以来,其应用逐渐规模化。其工作原理是利用浅层地下能源,通过输入少量的高品位能源(如电能)实现由低品位热能向高品位热能转移,该项技术对缓解建筑用能中的资源短缺和排放污染作用重大。

地源热泵技术应用过程中也出现了诸多问题,如不同的地域有不同的水文、地质特点,缺少地源热泵技术适应性评价,盲目上马地源热泵系统;水源热泵成井、地埋管钻井市场相关技术人员水平参差不齐;热源井成井质量不能保证,水井系统不达标;水井寿命短;水源热泵水井实际取水量大大低于勘测值,管材、设备腐蚀,水质差;回灌井阻塞,回灌困难;不能完全回灌,甚至直接排至市政管网,大水漫流;土壤热响应试验缺失、设计误差较大,不能满足使用要求;地埋管钻井、回填质量不能保证;系统各管组之间水力失衡严重;地埋管换热器出现泄漏、换热效果差;换热侧管阻过大;冬夏吸释热量不平衡导致土壤温度持续变化等。针对上述问题,亟须提出完整的地源热泵技术利用与评估方法,结合当前地源热泵技术应用中存在的问题,需要从适用性研究、勘探、施工、维护和全生命周期评估体系方面着手,通过示范建筑、技术指南和设计手册等方式进行推广。

针对上述问题,科技部在"十二五"国家科技支撑计划"2011BAJ03B09"——"夏热冬冷地区建筑节能关键技术研究与示范"中设立课题"浅层地热能集成应用技术与评估及示范"进一步开展高效地下水源热泵技术研究、高效土壤源热泵集成技术研究,土壤源热泵耦合太阳能供热、空调、生活热水三联供集成技术研究,规模化示范工程建设与研究。通过课题的实施,课题组编制了规范地源热泵地下水换热系统施工工艺和土壤源热泵地埋管换热系统施工工艺的相关技术手册。本手册从地源热泵地下换热系统和土壤源热泵地埋管换热系统入手,提出水源热泵和土壤源热泵系统在进行冷热源系统施工时应遵循的原则。对于水源热泵系统,主要从钻井工艺、成井(井管安装、填砾、止水、洗井及抽回灌试验)工艺及运行维护等方面进行论述;对于土壤源热泵系统,主要从地埋管换热系统施工工艺(地埋管管材、回填材料、钻井工艺、回填方法、水压试验及检验调试)、管阻优化、压力监测查漏等方面进行论述。

本书为"十二五"国家科技支撑计划"2011BAJ03B09"——"夏热冬冷地区建筑节能关键技术研究与示范"课题研究成果。该书上篇重点对水源热泵取水井、回灌井钻井工艺、成井(井管安装、填砾、止水、洗井及抽回灌试验)工艺及运行维护等方面进行了研究,下篇重点对土壤源热泵地埋管换热系统钻井工艺、回填工艺、水压试验、防堵塞方法、管阻优化、泄漏故障诊断等方面进行了研究。通过以上内容的研究,形成完整的浅层地热能集成应用技术体系,为我国夏热冬冷地区地源热泵的合理利用提供科学指导,改善用能结构,减少环境污染,提高居民生活质量,改善居住环境。本书还得到河南省科技惠民计划"可再生能源利用技术集成与示范应用"以及河南省科技攻关项目"夏热冬冷地区绿色建筑技术集成与示范"等有关项目的技术支持和成果共享。

本书编写人员及编写分工如下:第一章、第五章由潘玉勤、杜永恒、栾景阳编写;第二章由葛建民、曹静编写;第三章、第四章由李海峰、李杰、范之敬编写;第六章、第七章、第八章、第十一章由栾景阳、常建国、杨国平编写;第九章、第十章由刘恺、温殿波、马校飞、郭猛编写。全书由潘玉勤、杜永恒策划、组织和编写,常建国、李杰负责统稿和协调。由于编者的水平所限,书中难免存在缺陷与不足,敬请广大读者批评指正。

作 者

2015 年 8 月

目　录

第一章 概　述

第一节　地源热泵系统

能源是人类社会生存和发展的必要因素,是社会经济发展的动力,对国民经济的持续、快速发展起着举足轻重的作用。人类社会发展依赖于各种矿产资源,随着经济的快速发展和人民生活水平的大幅度提高,世界面临的能源短缺问题逐步在各个行业中体现出来。据统计,我国目前建筑能耗约占全部能源消耗的25%,而且该数据仍保持快速上升趋势,在建筑能耗中,制冷、供暖、通风能耗占建筑总能耗的60%～85%,因此降低制冷、供暖、通风能耗成为降低建筑能耗的重中之重。我国在2009年12月哥本哈根会议前就提出了"节能、减排"政策,实施节能产品惠民工程,推动淘汰高耗能、高污染的落后产能,大力发展可再生能源和其他新能源的推广使用。

"十一五""十二五"期间,国务院及国家发展和改革委员会、科技部、财政部、建设部等部委相继出台《"十一五"十大重点节能工程实施意见》《关于加快推进我国绿色建筑发展的实施意见》《"十二五"建筑节能专项规划》《"十二五"节能环保产业发展规划》《"十二五"国家战略性新兴产业发展规划》《绿色建筑行动方案》等节能相关文件、政策,大力支持建筑节能新技术发展、推广应用。我国针对如何降低制冷、供暖、通风的能耗开展了许多节能技术研究与探索,其中地源热泵技术以节能、环保、高效、可持续性,被称为21世纪最具发展前途的绿色空调技术。地源热泵技术是一种通过输入少量的高品位能(电能),实现从低品位能(低温地热能)向高品位能转移的热泵空调系统。在冬季,该系统通过热泵提升地下岩土体的低位热能对建筑物进行供暖,同时蓄存冷量以备夏季使用;夏季通过热泵对建筑物进行供冷并将建筑内的余热转移至地下,蓄存热量以备冬季使用。夏热冬冷地区的供冷和供暖天数大致相当,冷热负荷相差不大,采用地源热泵系统,可以充分发挥地下岩土体的蓄能作用。地源热泵与常规空调系统相比,具有可再生性、节能高效、一机多用、环境效益显著、系统寿命高、运行管理方便等优点。

(1)可再生性。

地源热泵空调系统利用了地球表面的浅层地热资源(通常在地层200 m以内)作为冷、热源。地表浅层是一个巨大的太阳能集热器,收集了47%的太阳能量(地层中只有不到2%～3%的能量来自炙热的地核),是人类每年能耗的500多倍。地源热泵系统将地下含水层、地下岩土体作为蓄能载体,周期性地向地下含水层、地下岩土体吸收、释放热量,在一个运行周期内系统吸收、释放热量近似相等,减小系统运行对浅层地能温度变化的影响,这种几乎无限的可再生能源,为清洁的可再生能源的一种形式。

(2)节能高效。

常规电制冷螺杆机、离心机中央空调机组能效比一般为2.5～3.5,而地源热泵机组能效比为4.0～6.5,甚至部分机组能效比达到8.0,即输入1 kW的能量能产出8 kW的热量,其优异的制冷、制热能效具有非常明显的节能效果。

（3）一机多用。

常规电制冷螺杆机、离心机中央空调机组为单制冷机组,冬季供暖需增加锅炉房或电加热等供暖系统设备,地源热泵系统可同时以制冷、供暖、制取生活热水多种模式运行,节省了燃煤、燃气、燃油等锅炉系统供暖管网、末端的投资,节约了建筑空间。地源热泵系统适用于宾馆、商场、办公楼、学校、住宅等建筑。

（4）环境效益显著。

地源热泵系统可以供热模式运行,冬季供暖不需增加锅炉或其他供暖设施,系统供暖运行时不向大气排放污染气体,有助于大气雾霾污染的防止和治理;供冷时避免了冷却塔、冷凝风机噪声、霉菌污染,同时不向大气排放热量,有效减弱了城市热岛效应。

（5）系统寿命长。

由于水源热泵热源井系统、地下埋管系统与室外空气隔绝,系统管道、设备腐蚀性小,水源热泵热源井使用寿命可达 15～20 年,土壤源热泵系统地埋管换热系统使用寿命可达 50 年左右。

（6）运行管理方便。

由于地源热泵地下换热侧地下水温、岩土温度四季波动较小,且冬季地下温度高于环境温度,夏季地下温度低于环境温度,使得热泵机组运行稳定、高效,无化霜、除霜过程。地下换热系统布置方式灵活方便,可布置在建筑地下、道路、花园、草坪、农田、湖泊中。地源热泵系统运行部件较常规空调系统少,维护简单,且地下换热系统不暴露在环境中,可延长系统使用寿命。

一、地源热泵系统的工作原理

在自然界中,水总是由高处流向低处,人类可通过水泵消耗能量把水从低处提升到高处。作为自然现象,热量也总是从高温向低温传递,热力学第二定律的(克劳修斯)表述是:"热量不可能自发地由低温物体传递到高温物体"。但人们可以创造机器,如同人类利用机器做功把水从低处提升到高处一样,人类利用热泵系统把热量从低温环境"抽取"到高温环境中。热泵作为一种热量提升装置,通过消耗一部分能量,把环境介质中储存的能量加以挖掘利用,而整个热泵装置所消耗的功仅为供热量的三分之一或更低。

典型地下水地源热泵系统如图 1-1 所示。地源热泵系统主要由浅层地热能采集系统、热泵机组、室内供暖空调系统、输配系统四部分组成。其中,浅层地热能采集系统是指通过系统循环介质将岩土体或地下水、地表水中的热量采集出来并输送给热泵机组换热器。在夏季制冷工况下,将浅层地热能采集系统与热泵机组冷凝器相连,利用浅层地热能采集系统内低温循环介质作为冷却水,冷却热泵机组冷凝器内高压高温气态制冷剂,制取 5～7 ℃冷冻水,调节建筑室内温度、湿度,同时蓄存热量以备冬季用;在冬季制热工况下,通过将浅层地热能采集系统采集的低品位热能送至热泵机组蒸发器内,热泵机组通过逆卡诺循环将其提高为高品位热能,在热泵机组冷凝器侧制取供暖热水,对建筑进行供暖,同时蓄存冷量以备夏季用。热泵机组主要利用采集的冷(热)量通过制冷、制热运行制取冷冻水、供暖热水。浅层地热能采集系统通常有地埋管换热系统、地下水换热系统、地表水换热系统。室内供暖空调系统主要有风机盘管系统、地板辐射供暖系统、柜式空调系统、组合机系统。输配系统指将热泵机组冷冻水、供暖热水输送至室内供暖空调系统的管路及设备。

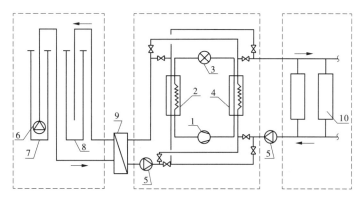

浅层地热能采集系统　　　水源热泵机组　　　建筑物供暖空调系统

1—制冷压缩机;2—蒸发器;3—节流机构;4—冷凝器;5—循环水泵;
6—井水泵;7—取水井;8—回灌井;9—板式换热器;10—热用户

图 1-1　典型地下水地源热泵系统

二、地源热泵系统的分类

地源热泵系统按照低品位能源的类型可分为地下水地源热泵系统、地埋管地源热泵系统和地表水地源热泵系统;按照地下热交换器敷设方式的不同可分为闭式系统、开式系统和直接膨胀式系统;如果地源热泵设置辅助系统,可以分为冷却塔补偿系统和太阳能辅助系统。

(一)地下水地源热泵系统

地下水地源热泵系统通过从热源井中抽取地下水与换热器(或直接进入热泵机组)换热,然后将地下水回灌至回灌井内。地下水地源热泵根据不同回灌形式可分为同井回灌系统和异井回灌系统。

同井回灌系统指取水井和回灌井在同一口井内,水井被隔板分为低压(抽水)区、高压(回水)区两部分,利用潜水泵将地下水从低压(抽水)区抽出送至井外换热器换热,然后将换热后的地下水同井回灌到高压(回水)区内。同井回灌系统所在地应具有适宜埋深和回灌条件的含水层,水井应能够提供设计水量和良好水质的地下水。

异井回灌系统指取水、回水分别在取水井、回灌井内进行,从取水井抽出地下水送至换热器换热,然后送至回灌井回灌到地下同一含水层中。当热泵机组采用板式换热器时,由于地下水所含的成分较复杂,杂质较多,设备容易堵塞,管路及设备易产生腐蚀和结垢,因此地下水源热泵通常采用闭环系统。若地下水水质好,可以使用开环系统,将地下水直接送入热泵机组中换热,但应采取相应措施。

同井回灌、异井回灌地下水地源热泵系统示意图见图 1-2。

地下水地源热泵与传统供暖、空调系统及空气源热泵相比具有以下特点:

(1)地下水源热泵具有较好的节能性。地下水的温度相当稳定,一般与当地全年平均气温相差 1~2 ℃,"冬暖夏凉",系统运行稳定,系统能效高。同时,温度较低的地下水,可直接用于空气处理设备中,对空气进行冷却、除湿处理而节省能量。相对于空气源热泵系

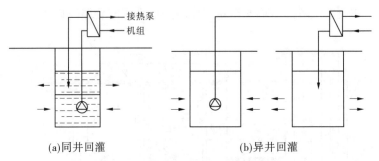

(a)同井回灌　　　　　　　　　　(b)异井回灌

图 1-2　地下水地源热泵系统示意图

统,能够节约 23% ~44% 的能量。

(2)地下水地源热泵具有显著的环保效益。由于地下水源热泵具有较高的制热性能系数和制冷能效比,有效降低了电能和一次能源的消耗,减少了二氧化碳温室性气体及其他有害气体的排放。

(3)地下水地源热泵具有良好的经济性。美国 127 个地源热泵工程的实测数据表明,地源热泵相对于传统供暖、空调方式,运行费用节约 18% ~54%。地下水地源热泵的维护费用也低于传统的冷水机组加燃气锅炉系统。

(4)回灌是地下水地源热泵的关键技术。在面临地下水资源严重短缺的今天,如果地下水源热泵的回灌技术有问题,不能将 100% 的井水回灌至含水层内,将带来一系列的生态环境问题,如地下水位下降、含水层疏干、地面下沉、河道断流等,会使地下水资源状况更加严峻。因此,地下水地源热泵系统必须具备可靠的回灌措施。

(二)地埋管地源热泵系统

地埋管地源热泵系统,是将地下土壤作为热泵机组的高温、低温热源,利用地下换热盘管与土壤进行热量交换。夏季供冷时,土壤作为排热场所,热泵将室内热负荷、压缩机、水泵耗能,通过地下换热盘管排入土壤;冬季供热时,土壤作为热泵机组的高温热源,热泵通过地下埋管获取土壤热量进行制热。土壤源热泵地下换热系统只需在建筑物地下、周边空地、道路或停车场铺设埋管,利用地埋管换热器内循环介质与地下土壤进行换热。地源热泵具有不消耗地下水资源、不影响地下水品质、系统运行能效比高等特点。

土壤源热泵按照地下换热系统埋管方式分为水平式埋管系统和竖直式埋管系统。水平式埋管系统将地埋管水平铺设在 1.2 ~3.0 m 深的土壤中,每沟埋 1 ~6 根水平埋管,管沟布置形式、长度与土壤热物性、温度、设计埋管长度、可使用土地面积相关。水平式埋管系统一般成本低,铺设方便,但土壤温度受地表四季温度变化影响大,占用地面面积大,适宜于地表面积充裕的建筑使用。竖直式埋管系统将换热器垂直埋入钻井中,钻井深度一般为 50 ~200 m,埋管形式有 U 形管(可分为单 U 管、双 U 管)、套管等。竖直式埋管系统中,土壤温度不易受四季温度变化的影响,流动阻力损失小,运行费用低,但钻井费用较高,一般用于地表面积受限的建筑。水平式埋管系统、竖直式埋管系统示意图如图 1-3、图 1-4 所示。

与空气源热泵相比,地埋管地源热泵系统具有以下优点:

(1)土壤温度全年波动较小且数值相对稳定,热泵机组的季节性能系数具有恒温热源热泵的特性,这种温度特性使土壤源热泵比传统的空调运行效率高 40% ~60%,节能效果明显。

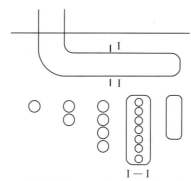

图 1-3　土壤源热泵——水平式埋管系统示意图

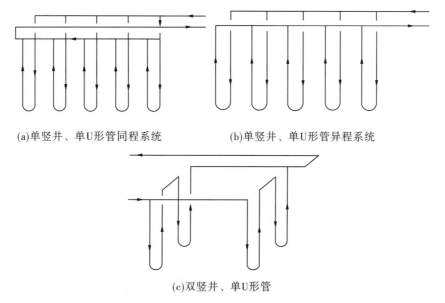

(a)单竖井、单U形管同程系统　　　(b)单竖井、单U形管异程系统

(c)双竖井、单U形管

图 1-4　土壤源热泵——竖直式埋管系统示意图

（2）土壤具有良好的蓄热性能,冬、夏季从土壤中取出(或排入)的能量可以分别在夏、冬季得到自然补偿。

（3）当室外气温处于极端状态时,用户对能源的需求量一般也处于高峰期,由于土壤温度相对地面空气温度的延迟和衰减效应,因此和空气源热泵相比,土壤源热泵可以提供较低的冷凝温度和较高的蒸发温度,从而在耗电相同的条件下,可以提高夏季的供冷量和冬季的供热量。

（4）土壤源热泵系统相对于空气源热泵系统无需除霜、融霜,有效避免了融霜能耗损失,且室内舒适性好。

（5）地埋管换热系统地下换热过程噪声污染小,不向周围空气释热、释冷。

（6）运行费用低。据世界环境保护组织(EPA)估计,设计安装良好的地源热泵系统,可较常规系统节约30% ~40%的供热、空调运行费用。

（三）地表水地源热泵系统

地表水地源热泵将江水、河水、湖水、水库水、海水等作为系统运行冷、热源进行制冷、供热。其中,地表水地源热泵按系统与地表水的换热形式可分为开式系统、闭式系统。开式系统通过水泵等装置直接从江、河、湖、海中抽取地表水,将地表水送至换热器换热,然后送返原水域。闭式系统将换热盘管置于地表水中,换热盘管内的循环介质在地表水中直接进行热量交换,然后通过换热盘管内循环液将热量送至热泵机组。地表水地源热泵系统示意图见图1-5。

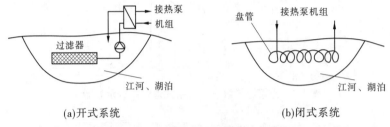

(a)开式系统　　　　　　　　　　　　(b)闭式系统

图1-5　地表水地源热泵系统示意图

地表水地源热泵系统具有以下特点:(1)地表水温度比地下水、地下岩土温度变化大,因此地表水源热泵与空气源热泵具有类似的特点,如冬季最寒冷或夏季最炎热时所需负荷最大,由于地表水温度随室外温度变化剧烈,热泵机组运行工况恶劣,导致热泵机组运行能效较低。

(2)地表水换热系统施工简单、方便,不需进行取水井、回灌井或地下埋管钻井施工、回填,因此地表水热泵空调系统施工费用较低。

(3)地表水地源热泵系统使用中需要注意防止腐蚀、藻类生长等问题,避免清洗系统运行频繁中断和清洗费过高等问题。

(4)地表水源热泵系统节能效果较好。德国阿伦文化及管理中心的河水源热泵平均性能系数可达4.5。河水温度在6℃时,其性能系数可达3.1。

第二节　地源热泵发展历程

一、国外发展历程

"地源热泵"(GSHP)一词第一次出现于1912年瑞士的一份专利文献中,欧洲于20世纪50年代出现了利用地源热泵的第一次高潮。在此期间,Ingersoll和Plass根据Kelvin线源概念提出了地下埋管换热器的线热源理论,但由于当时能源价格低,系统造价高,未得到广泛应用。

20世纪70年代初期,石油危机的出现和环境的恶化,引发了人们对新能源的开发和利用,地源热泵以其节能的特点开始受到重视。这时,北欧国家的科技工作者开始了地源热泵的实际应用研究与开发,并得到了政府的大力支持。1974年起,瑞士、荷兰和瑞典等国家政府资助的示范工程逐步建立起来,地源热泵生产技术逐步完善。从系统技术来说,这个时期的地下热传导体系大多数采用的是地下水直接利用方式,要求有一定的水温,而且技术相对粗糙,甚至没有回灌井。70年代后期,瑞典科学家开始研究地下开放式的循环供热系统。我国于1978年开始进行热泵技术的专项研讨,并逐渐被我国科研工作者重视。

20世纪80年代是地源热泵技术飞速发展的时期。这一时期,美国的地源热泵生产厂家十分活跃,成立了全国地源热泵生产商联合会,并逐步完善了安装工程网络。欧洲国家以瑞士、瑞典和奥地利为代表,大力推广地源热泵供暖和制冷技术,并采取相应的补贴和保护政策,使得地源热泵生产规模和使用范围迅速扩大。

20 世纪 80 年代后期,地源热泵技术已经臻于成熟,更多的科学家致力于地下系统的研究,努力提高热吸收和热传导效率,同时越来越重视环境的影响问题。地源热泵生产呈现逐年上升趋势,瑞士和瑞典的年递增率超过 10% 。在此期间,美国的地源热泵生产和推广速度很快,相关技术得到飞跃性的发展,成为世界上地源热泵生产和使用大国。

20 世纪 90 年代以来,欧美国家的科技工作者联系更加密切,共同对地源热泵有关的环境问题开展了广泛和深入的研究。1995 年在国际地热学术会上,英国学者 Curtis 代表国际地热组织发表了一篇关于应用土壤源热泵系统的调查报告,其中总结性的结论为:

(1)土壤源热泵系统是世界能源市场的成熟技术之一,与现存的用电供热/制冷技术相比,具有稳定性能好、可靠性高、花费更少的优势。

(2)土壤源热泵系统在经济上与燃油和燃气锅炉不相上下。

(3)如果考虑到环境效益、能源保障和长期利用等因素,土壤源热泵系统是最好、技术含量最高的替代产品。

20 世纪末期,土壤源热泵系统逐渐在民用建筑中使用,全球大约 3/4 的地源热泵都安装在美国和欧洲,主要应用于新建房屋。1998 年美国商业建筑中地源热泵系统已占空调总量的 19% 以上,新建建筑占 30% ,并以 10% 的速度增长。欧洲一些国家采用政策补贴的方式促进地源热泵的发展,20 世纪 90 年代补贴取消后仍以 1 000 套/年的速度增加。瑞典是世界上地源热泵应用比例最高、技术较成熟的国家,2001 年欧洲地源热泵总销量 39 350 台,其中瑞典销售 27 000 台。

2008 年和 2009 年美国每年热泵设备装机容量多达 100 000 台,相当于每年 400 000 多 t 能量,美国对实施于 2009 年 12 月 1 日到 2016 年 12 月 31 日之间的地源热泵项目实施课税津贴,根据美国能源信息管理机构的年度报告,2013 年以来每年热泵设备装机容量达 130 000 台。加拿大经过多年持续增长,其中 2005 年增长了 40% ,2006~2008 年每年保持 60% 的增长速度,2009~2011 年保持稳定发展趋势。2010 年瑞典共安装 31 954 台热泵系统,相比于 2009 年增长了 16% ,这也使瑞典重新成为了欧洲热泵第一大市场。

二、国内发展历程

自 1995 年,山东富尔达空调设备有限公司首次把地源热泵应用到辽阳市邮电新村项目以来,短短的十几年间,地源热泵从无到有,从小面积示范到大面积推广,相关政府部门逐渐找到了审批管理地源热泵系统的最优方案。地源热泵技术在我国的发展可以分为三个阶段。

(一)起步阶段(20 世纪 90 年代至 21 世纪初)

自 20 世纪 90 年代起,中国建筑学会暖通空调委员会、中国制冷学会第五专业委员会主办的全国暖通空调制冷学术年会上进行了地源热泵的专项研讨,地源热泵逐渐发展起来。早期的辽阳市邮电新村项目属于我国集成商与设备厂商对地源热泵技术进行的初期摸索,我国地源热泵真正起步的标志性事件是我国科技部与美国能源部正式签署的《中美能源效率及可再生能源合作议定书》。

在地源热泵发展起步阶段,地源热泵概念开始在暖通空调技术界人士中扩散,相关设计人员、施工人员、集成商、设备生产商等逐渐被这个概念吸引,但整体上看该阶段地源热泵技术还没有被接受,专业技术人员对该技术了解不够,相关地源热泵机组和关键配部件不齐全、不完善,造成这一阶段地源热泵技术发展规模不大,进展速度较慢。

(二)推广阶段(2000~2005 年)

进入 21 世纪后,地源热泵机组厂家和系统集成商已达 80 余家,地源热泵逐渐在多个地区应用,此时地源热泵技术科学研究也极其活跃,2000~2003 年的 4 年间,年平均专利为71.75 项,有关热泵的文献数量剧增,很多高校的硕士、博士论文也不断增多,屡创新高。2001 年,由中国建筑科学研究院空调研究所徐伟等翻译的《地源热泵工程技术指南》为我国地源热泵工作者普及了相关工程技术和施工方法,为我国地源热泵从业人员提供了参考。

这个阶段,地源热泵发展逐渐升温,但由于技术参差不齐、建设成本不断拉低,使一些项目出现问题,地源热泵企业在市场拓展方面遇到一定困难。

(三)快速发展阶段(2006 年至今)

2006 年后,随着我国对可再生能源应用于节能减排的工作不断加强,《可再生能源法》《节约能源法》《可再生能源中长期发展规划》《民用建筑节能管理条例》等法律法规的相继颁布和修订,《建设部、财政部关于推进可再生能源在建筑中的应用的实施意见》的逐步实施,以及可再生能源示范城市的建设,地源热泵技术的应用面积与应用技术水平在短时间内得到了快速的增加与提升,逐步奠定了地源热泵在我国建筑节能与可再生能源利用中的突出地位。至此,地源热泵系统应用进入快速发展阶段。

至 2007 年,地源热泵技术的建筑应用面积达 7 亿 m^2,比 2006 年的 2.7 亿 m^2 增长160%。至 2008 年底,住房和城乡建设部联合财政部已组织实施 4 批可再生能源建筑应用示范项目,共 371 项,示范面积 4 049 万 m^2。2009 年,可再生能源建筑应用城市示范和农村地区示范工作全面启动,统筹兼顾城市与农村,推进模式实现跨越。这标志着我国推进可再生能源建筑应用工作,从抓单个项目示范到抓区域整体推进,实现了将"点连成线"的阶段性发展。

2011 年 3 月,财政部、住房和城乡建设部两部委再次联合发布了《关于进一步推进可再生能源建筑应用的通知》,其中明确指出"十二五"期间可再生能源建筑应用推广目标,切实提高包含浅层地能在内的可再生能源在建筑用能中的比重,开展可再生能源建筑应用集中连片推广,并争取到 2015 年底,新增可再生能源建筑应用面积 25 亿 m^2 以上,形成常规能源替代 3 000 万 t 标准煤,到 2020 年,实现可再生能源在建筑领域消费比例占建筑能耗的15% 以上。

《"十二五"节能减排综合性工作方案》中明确了全社会可再生能源利用的具体目标:调整能源结构,因地制宜大力发展风能、太阳能、生物质能、地热能等可再生能源。该方案针对建筑节能工程提出了具体要求,要求夏热冬冷地区既有居住建筑节能改造 5 000 万 m^2,公共建筑节能改造 6 000 万 m^2,高效节能产品市场份额大幅度提高。"十二五"时期,形成 3 亿 t标准煤的节能能力。在加快节能减排技术开发和推广应用上,明确了对低品位余热利用、地热和浅层地温能应用等可再生能源技术的产业化示范。

总的来说,2006 年至今是我国地源热泵技术快速发展阶段,技术应用面积迅速增长,技术类型不断丰富,产业发展逐渐成规模,相关标准逐步完善。到 2020 年,地源热泵新增应用建筑面积约为 9 000 万 m²，增长速度超过 30%；地源热泵系统不仅用于供暖、空调及生活热水，而且逐渐与其他形式组合，为人类造福；地源热泵建筑示范项目的实施，促使国家和地方政府相关部门积极编写和制定地源热泵相关设计教程、设计规程、技术导则等。

第三节　未来发展趋势

在建筑能耗中，暖通空调系统与热水系统所占比例高达 60%。随着生活水平的逐步提高，人们对住宅、办公舒适度要求越来越高，我国未来十年内供暖和空调设备将持续增长，建筑能耗必将大幅度增加。伴随着愈演愈烈的雾霾天气，国家、地方持续出台"最严厉"的治霾措施，大力治理大气污染，取消和限制燃煤型采暖、低效采暖；大力发展、推广应用高效、环保、节能、可再生空调供暖通风技术，已成为资源节约型、环境友好型发展政策下建筑节能发展的必然结果。

从我国未来的能源发展战略来看，煤电联动、区域冷站、大气污染治理、可再生能源应用、绿色建筑发展等国家政策对于地源热泵系统的发展都有非常显著的促进作用，在可预见的未来，地源热泵系统作为低能耗建筑、绿色建筑应用的最重要部分将呈现快速发展趋势，地源热泵系统的应用规模将进一步增大。

但地源热泵发展过程中仍存在以下问题：在水源热泵系统中，热源井回灌堵塞、井管材质腐蚀严重，水质氧化、潜水泵损耗快及水源热泵系统运行管理不合理等；在土壤源热泵系统中，土壤热响应试验缺失、设计误差大、回填质量差、地埋管换热系统各管组之间水力失衡严重、换热效果差、冷热负荷不平衡导致土壤温度持续变化、地埋管换热器出现泄漏等问题。这些问题将导致地源热泵系统节能效果降低，全寿命期费用剧增。在地源热泵推广应用中，亟须针对地源热泵系统施工过程中存在的主要问题，出版相关技术指南、手册、图集、规范，规范、指导、提高地源热泵施工技术。

因此，我国地源热泵技术的发展应着重于提高地源热泵应用水平、丰富技术类型、控制能耗总量。提高系统综合性能系数，意味着输入同样多的常规能源，能够获得更多的可再生能源应用到建筑采暖与制冷中，提高对可再生资源的利用率。地源热泵系统综合性能系数的提高是一个由"调试"到"调适"的过程，这其中包括多个层面的意义：因地制宜，选择合理的冷热源方式及系统形式；具体建筑应充分考虑使用功能及负荷特点。

上　篇

水源热泵地下
换热系统施工技术

第二章 水源井施工准备

水源热泵系统中的水源井又称热源井。在进行热源井施工之前,首先应评价项目所在地是否适合使用水源热泵技术,评价相关参数有:地质构造与岩性分布及其特征;地下水类型、含水层(组)的分布及富水性、埋藏与开采条件;地下水补给、径流、排泄条件;地下水动态,各层水力联系和互补关系;地下水化学类型特性及变化规律。

水源热泵项目所在地水文地质勘察及热源井(供水井、回灌井)的设计工作应该由具有相应资质的单位担任,需要得出岩性特征、含水层位置、厚度、水温及水质等情况。应根据所需水量和地下水回灌需要,结合场地环境和水文地质条件,确定取水井和回灌井位置、井间间距、管井数量、管井口径、管井深度和井身结构等要素。只有勘察资料准确以及设计合理,才能保证热源井施工的有效进行。

地下水换热系统是整个水源热泵系统的关键,是系统保持正常运行的源头,必须科学设计地下水换热系统。水文地质勘察是应用水源热泵空调系统的基础,地下水换热系统设计应根据地下水水文地质勘察结果,采用可靠的回灌技术措施,使换热后的井水完全回灌到同一含水层,且不会对地下水资源造成浪费与污染。

目前,许多已建的水源热泵工程由于没有进行前期地质勘察(或勘察误差大)或设计不合理,取水井实际取水量较低,不能满足负荷要求,或回灌井回灌效果差,严重时完全无法回灌。若长期如此运行,地下水越抽越少,最终出现地面沉降,地下生态环境将受到严重影响。因此,不能进行有效回灌的地下水源热泵系统是失败的。合理开发利用水资源,走可持续发展之路,才能使人类社会与自然环境协调发展。

为避免上述问题,要在工程场地内做好调查与勘察工作,查明水文地质条件,对地下水资源做出科学评价,提出合理的地下水利用方案,为取水井、回灌井设计和施工图设计提供科学依据。

做好项目所在地的地质勘察工作及地下换热系统的设计工作十分重要。工程场地水文地质参数获得途径有查阅当地已有水文地质资料、相关地图测绘报告及水文地质现场勘察,本书对前者不再赘述,仅对水井水文地质现场勘察进行表述。

第一节 勘 察

水源热泵系统方案设计前,需根据水源热泵系统对水量、水温和水质的要求,对工程场地的水文地质条件进行勘察。

一、勘察内容

综合利用地球物理勘探、水文地质钻探、水文地质试验、地下水动态观测及实验室分析等方法对项目所在地进行勘察。勘察内容包括地下水类型,含水层岩性、分布、埋深及厚度,含水层的富水性和渗透性,地下水径流方向、速度和水力坡度,地下水水温及其分布,地下水水质及地下水水位动态变化。确定以上各项参数,可以对地下水资源做出可靠评价,提出地下水合理利用方案,并预测地下水动态及其对环境的影响,为热源井设计提供依据。

(一)地下水类型

地下水的分类原则较多,可以根据含水层性质、地下水的埋藏条件、地下水的矿化程度以及地下水起源来划分,见表 2-1 ~ 表 2-3。

表 2-1　地下水按埋藏条件分类

按埋藏条件	按含水层性质		
	孔隙水	裂隙水	岩溶水
包气带水	土壤水及季节性局部隔水层以上的重力水	裂隙岩层中局部隔水层上部季节性存在的水	可溶岩层中季节性存在的悬挂水
潜水	各类成因的松散沉积物中的水	裸露于地表的裂隙岩层中的水	裸露的可溶岩层中的水
承压水	由松散沉积物构造的山间盆地、山间平原中的深层水	构造盆地、向斜或单斜构造中层状裂隙岩层中的水、构造破碎带中的水、独立系统中的脉状水	构造盆地、向斜或单斜构造中的可溶岩层中的水

表 2-2　地下水按矿化程度分类

矿化程度	总矿化度(g/L)
淡水	<1
微咸水	1 ~ 3
咸水	3 ~ 10
盐水	10 ~ 50
卤水	>50

表 2-3　地下水按起源分类

起源	地下水形成特点
渗入水	由降水渗入地下形成
凝结水	当地面的温度低于空气的温度时,空气中的水汽进入土壤和岩石空隙中,在颗粒和岩石表面凝结形成
初生水	由岩浆中分离出来的气体冷凝形成,是岩浆作用的结果
埋藏水	与沉积物同时生成或海水渗入到原生沉积物的孔隙中而形成的

(二)含水层岩性、分布、埋深及厚度

(1)含水层岩性有岩石、碎石土、砂土、粉土、黏性土、人工填土之分。按照粒径大小进一步分类,碎土石又有漂石、块石、卵石、碎石、圆砾、角砾之分,砂土有砾砂、中砂、细砂、粉砂

之分。若富水性相同，一般含水层粒径越小，渗透性越差，越不适宜使用地下水换热系统。

（2）确定含水层分布位置、埋深及厚度，用以评价该地是否适合使用水源热泵系统。因为含水层厚度在地下水换热系统的应用影响较大，厚度越大，说明此处的地下水资源越丰富，有利于开发利用浅层地热能；厚度越小，说明此处的地下水资源相对匮乏，不利于开发利用浅层地热能。因此，当探测出工程当地含水层埋深过大或厚度较小时，则需重新评价是否使用水源热泵系统。此外，在开发热源井系统时，要兼顾成井与含水层埋深及厚度的综合效益。

（三）含水层的富水性和渗透性

富水性是指含水层的出水能力，一般以某一口径井口的最大涌水量表示，是衡量地下水含水层出水量的标志。根据含水层中一定降深条件下的井、孔涌水量，可将含水层的富水性进行分类，见表2-4。

表2-4　含水层富水性分类

富水级别	最大涌水量（L/s）
强富水的	>10
富水的	1~10
弱富水的	0.1~1
贫水的	0.01~0.1
富水性复杂的	各井、孔、泉最大涌水量相差悬殊

渗透性是指含水层允许水通过的能力，一般用来衡量地下水在含水层中径流的快慢，利用单位时间内通过单位断面的流量（m/d）大小来评价，即渗透系数。渗透系数愈大，岩石透水性愈强，比如强透水的粗砂砾石层渗透系数一般 >10 m/d；弱透水的亚砂土渗透系数一般为 0.01~1 m/d；不透水的黏土渗透系数通常 <0.001 m/d。据此可见，土壤渗透系数取决于土壤质地。

如果含水层渗透性良好，给水能力较好，而且地下水有充沛的补给来源，则该含水层富水性好，该地适宜利用水源热泵系统。

（四）地下水径流方向、速度和水力坡度

确定地下水径流方向、速度和水力坡度，是为了合理设置取水井和回灌井的位置、间距，通常为了减轻取水井与回灌井井间的热贯通问题，取水井应设置在径流上游，回灌井应设置在径流下游。

（五）地下水水温及其分布

地下水水温是影响水源热泵系统建设的重要因素，用于水源热泵的地下水通常取自地层恒温带，水温恒定，且冬季略高于平均环境温度，夏季略低于平均环境温度。确定地下水水温及其分布，可用于确定热源井系统供回水温度及管井分布情况，为水源热泵热源井系统设计提供依据。

（六）地下水水质及地下水水位动态变化

确定地下水中所含铁、锰、钙、镁、Cl^-、二氧化碳、溶解氧含量及微生物群，可为热源井系统中水质处理提供基础资料；根据地下水矿化度，可进行地下水资源评价，考虑到地下水

总硬度越高,越容易在换热器表面结垢,影响换热效率,降低热泵机组的使用寿命,可根据地下水水质勘查结果采取相应处理措施。比如在铁锰离子含量较高的热源井系统中加设铁锰过滤器;对溶解氧含量较高的热源井系统加设气泡过滤器,设置自动排气阀,严格封闭热源井系统以防止空气进入。

在水源热泵系统勘察时,关注的是潜水水位变化,它反映的是潜水含水层水量补给与排泄之间的关系,可为合理设计水井取水量、回灌量提供依据。

二、勘察方法

(一)地球物理勘探

地球物理勘探(简称物探)常用来寻找地下水,确定含水层位置及地下水水位、流向和渗透速度,划分咸水体和淡水体界线等。常用的钻井地球物理方法有电测井法、放射性测井法等。物探方法比较快速、经济,常与水文地质钻探和试验配合进行,利用物探确定钻孔和抽水试验地点,可以提高勘察工作效率。

(二)水文地质钻探

钻探的目的是确定含水层的位置与分布,以查明地下水的存在条件。所获岩性要进行详细编录,并且利用钻孔进行抽水试验或其他水文地质试验。水文地质钻探的要求和一般的矿产钻探不同,要求有较大的孔径并且用清水钻进,否则利用钻孔求得的水文地质参数可能失真。

(三)水文地质试验

水文地质试验的目的是取得地层结构、地下水类型及分布和地下水运动规律等,为地下水资源评价提供基础资料,包括抽水试验、压力试验、注水试验和弥散试验等,最常用的是抽水试验。

(四)地下水动态观测

地下水动态观测是水文地质勘察的一项重要内容。在布置钻探和水文地质试验时,需考虑保留部分钻孔进行长期观测,定期测定地下水的水位、水质和水温,为以后的地下水资源评价或其他水文地质计算提供基础资料。一般动态观测时间不少于一个水文年。

(五)实验室分析

在水文地质勘察过程中,要选取水样、岩样或土样进行实验室的水质分析、粒度分析、孢粉或微生物分析及同位素年龄测定等。

三、勘察报告

地下水水文地质勘察结束之后,应当编写水文地质勘察报告。报告应明确指明地下是否有水、水量是否充足、水温是否合适、供水是否稳定、水质是否合格、场地是否适合打井和回灌等,并确定出水源热泵系统在此使用的适宜性和对设置取水井与回灌井的建议等。

上述工程勘察工作是应用水源热泵系统的基础,做好地下水水文地质勘察工作十分重要。进行地下水水文地质勘察时应注意下述问题:

(1)工程勘察可参照《供水水文地质勘察规范》(GB 50027)和《管井技术规范》(GB 50296)进行。

(2)设置勘测井时,应考虑其仍可用作地下水源热泵热源井。

（3）要由地质专家参与或监督钻孔工作和所有的取样与试验工作,撰写水文地质勘察报告。

第二节 设 计

地下水换热系统是水源热泵系统中最重要的部分,其设计成功与否直接影响水源热泵系统是否能够正常运行,因此必须进行可靠、准确的设计。地下水换热系统的设计应在允分掌握地下水水文地质条件及建筑物冷热负荷的基础上进行,通常按以下步骤进行:确定项目所需地下水总水量→管井布置→管井结构设计→确定管井数量→换热器设计→确定地下水回灌方式→选择井水泵等其他部件。

一、确定所需水量

项目所需地下水总水量是由系统的供水方式、水源热泵机组性能、地下水水温及建筑物冷、热负荷等决定的。以图 2-1 说明项目所需地下水总水量计算方法。

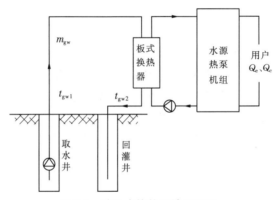

图 2-1 地下水换热系统原理图

（1）供冷工况下,热泵系统所需地下水总水量:

$$m_{gw} = \frac{Q_e}{c_p(t_{gw2} - t_{gw1})} \times \frac{EER + 1}{EER} \tag{2-1}$$

式中 m_{gw}——热泵系统制冷工况下所需地下水总水量,kg/s;

Q_e——建筑物冷负荷,kW;

c_p——水的定压比热容,kJ/(kg·℃),取 4.19 kJ/(kg·℃);

t_{gw1}——井水水温,即进入热交换器的地下水水温,℃;

t_{gw2}——回灌水水温,即离开热交换器的地下水水温,℃;

EER——热泵机组制冷能效比。

（2）供热工况下,热泵系统所需地下水总水量为

$$m_{gw} = \frac{Q_c}{c_p(t_{gw1} - t_{gw2})} \times \frac{COP - 1}{COP} \tag{2-2}$$

式中 m_{gw}——热泵系统制热工况下所需地下水总水量,kg/s;

Q_c——建筑物热负荷,kW;

c_p——水的定压比热容，kJ/(kg·℃)，取4.19 kJ/(kg·℃)；

t_{gw1}——井水水温，即进入热交换器的地下水水温，℃；

t_{gw2}——回灌水水温，即离开热交换器的地下水水温，℃；

COP——热泵机组制热性能系数。

式(2-1)和式(2-2)中，建筑物冷、热负荷可以通过计算获得，选定水源热泵机组并确定其运行工况后可以确定其EER和COP，井水水温t_{gw1}可以通过地下水水文地质勘察获得，再确定回灌水水温t_{gw2}后即可求得所需地下水总水量。为满足水源热泵系统负荷要求，选择供冷、供热工况所需地下水总水量的较大值作为设计水量。

二、管井布置

(1)水源热泵系统管井布置时应符合以下规定：

①应布置在当地允许的地下水开采区；

②应靠近主要用水地区；

③井群布置应合理，对第四系松散含水层，单井出水量减少系数(干扰系数)不应超过20%。

(2)热源井应布置在建筑物场地周边，与建(构)筑物、市政管网设施的距离不得小于10 m，并应满足小区总体规划的要求。

(3)热源井的平面布置应避免取水井和回灌井之间发生热贯通效应，其间距可通过试验或采用当地经验数据确定。确定管井位置时，取水井宜设在回灌井的上游，使上下含水层形成水力坡度，回灌进入地下含水层的水能越流补给和渗透补给，达到较好抽水、回灌效果。

(4)一个场地应至少布置一个热源观测孔，位置应处于取水井和回灌井之间，同时为了避免污染地下水，管井设置应避开有污染的地面和地层。

(5)与相邻项目的热源井间的间距应根据地下水流向、已有项目热源管井布局和使用现状综合确定。

(6)进行管井布置设计时，应同时布置长期观测网。地下水长期观测网的布置和长期观测井的设计应符合现行国家标准《供水水文地质勘察规范》(GB 50027)的规定。

在进行管井布置时，应考虑水井漏斗半径的影响。确定管井间距时，在场地足够的前提下可适当加大间距，但不应小于漏斗半径。获得漏斗半径的方法较多，可利用经验公式吉哈尔特公式和库萨金公式计算；在进行抽水试验且有两个观测孔时，可采用裘布依公式计算。

1)经验公式法

对于承压水含水层，适合使用吉哈尔特公式：

$$R = 10s\sqrt{K} \tag{2-3}$$

对于潜水含水层，适合使用库萨金公式：

$$R = 2s\sqrt{KH} \tag{2-4}$$

式中　R——漏斗半径，m；

　　　s——抽水孔水位降深，m；

　　　K——渗透系数，m/d；

　　　H——潜水含水层厚度，m。

2）抽水试验法

当取水井附近有两个观测孔时，

承压水：

$$\lg R = \frac{S_1 \lg r_2 - S_2 \lg r_1}{S_1 - S_2} \tag{2-5}$$

潜水：

$$\lg R = \frac{S_1(2H - S_1)\lg r_2 - S_2(2H - S_2)\lg r_1}{S_1 - S_2} \tag{2-6}$$

式中　r_1、r_2——观测孔至抽水孔距离，m；

　　　S_1、S_2——观测孔水位降深，m，$s_1 = H - h_1$，$s_2 = H - h_2$；

　　　K——渗透系数，m/d；

　　　H——潜水含水层厚度，m。

三、管井结构设计

管井结构设计应包括井身结构设计、井管配置和过滤器结构设计。井身结构设计应包括不同深度井段的长度及变径位置、开口井径、安泵段井径、开采段井径、终止井径、封闭位置及材料与井的附属设施。井管配置应包括：与井身设计相匹配的井管长度和井管管径；合理选择不同用途、不同材质和不同管径的井管；取水目的层中过滤管的配置与所设计的过滤器类型相适应。过滤器结构设计应包括：过滤器的类型及结构，过滤管的材质、规格、长度和下置位置（非填砾过滤器），滤料的材质、规格、充填位置和厚度（填砾过滤器）等。

（一）井深结构设计

（1）井身结构应根据取水（回灌）目的层的岩性、厚度、埋深、富水性、水力性质、上覆地层的特征及钻进工艺进行设计，并宜符合下列规定：

①宜按成井要求确定开采段井径；

②宜按地层、钻进方法确定井段的变径和相应长度；

③宜按井段变径需要确定开口井径；

④在松散层中，当井深小于 100 m 时，可一径到底，井径宜为 500 ~ 800 mm。

（2）开采段井径应根据管井设计出水量、允许井壁进水流速、含水层埋深、开采段长度、过滤器类型及钻进工艺等因素综合确定。

（3）松散层中非填砾过滤器管井的开采段井径应大于设计过滤管外径 50 mm，填砾过滤器管井的开采段井径应大于设计过滤管外径 150 ~ 300 mm。

（4）岩体地区不安装过滤器管井的开采段井径应根据含水层的富水性和设计出水量确定，并不得小于 150 mm。

（5）供水管井深度应根据目的含水层的埋深、厚度、水质、富水性、出水能力和下置沉淀管等因素综合确定。其中，热源井的深度不宜超过 200 m。

（6）松散层地区供水管井封闭位置的设计应符合下列规定：

①井口管外围，非填砾段应封闭，封闭深度不应小于 5 m；

②水质不良含水层或非开采含水层井管外围应封闭。

（7）岩体地区供水管井封闭位置的设计应符合下列规定：

①覆盖层不取水时，井管外围应封闭。

②覆盖层取水时，覆盖层井管底部与稳定岩层间应封闭。

③非开采含水层井管变径间的重叠部位应封闭。

④水质不良含水层或上部已污染含水层与开采含水层间应封闭。

（8）管井的设计应设置水位监测口，井管口应高出泵房地面0.2 m，并应防止杂物进入。

（二）井管配置

（1）井管长度应和井身结构设计相匹配。当井底为松散层时，井管可短于井身长度1～2 m，井管底部应封闭。

（2）安泵段井管内径应根据设计出水量及测量动水位仪器的需要确定，并宜比选用的抽水设备标定的最小井管内径大50 mm。

（3）松散层中，管井开采段过滤管的外径应符合井身结构相关规定。

（4）岩体上部有松散覆盖层或不稳定岩层时，应设置井壁管；开采段岩体破碎易坍塌部位应设置过滤管，管外径应小于井身直径50 mm。

（5）沉淀管长度应根据含水层岩性和井深确定，供水管井宜为2～10 m，降水管井宜小于3 m。

（6）管井的管材应根据井水用途、地下水水质、井深、管材强度和经济性等因素综合确定，井管应具备抗压、抗拉、抗弯强度，必要时应进行相应的强度验算；井管应无缺损、裂缝、弯曲等缺陷，管端口面与管轴线应垂直且无毛刺；内壁应光滑、圆直，并应满足洗井及抽水设备要求；长期使用的井管应具备一定的抗腐蚀能力。

（三）过滤器结构设计

过滤器的使用通常是为了增加出水量、防止涌砂、减少水流阻力等。

（1）过滤管的直径应根据管井设计出水量、过滤管长度、选用管材的规格、过滤器的有效孔隙率和允许的过滤管进水流速确定。

（2）缠丝过滤器（管）的设计应符合下列规定：

①骨架管的穿孔形状、尺寸及排列方式应按管材强度和加工工艺确定，孔隙率宜为20%～30%。

②骨架管上应有纵向垫筋。垫筋高度宜为6～8 mm，垫筋间距宜保证缠丝距管壁2～4 mm，垫筋两端应设挡箍。

③缠丝材料应采用无毒、耐腐蚀、抗拉强度大和膨胀系数小的线材。缠丝断面形状宜为梯形或三角形。

④缠丝不得松动，缠丝间距允许偏差为设计丝距的±20%。

（3）过滤器外层进水面孔隙率应包括缠丝过滤器缠丝面孔隙率、包网过滤器包网面孔隙率和填砾过滤器填砾面孔隙率，并应符合相关规定。

①缠丝过滤器缠丝面孔隙率的设计宜按下式计算确定：

$$P = \left(1 - \frac{d_1}{m_1}\right)\left(1 - \frac{d_2}{m_2}\right) \times 100\% \tag{2-7}$$

式中 P——缠丝面孔隙率(%);

　　d_1——垫筋宽度或直径,mm;

　　m_1——垫筋中心距离,mm;

　　d_2——缠丝宽度或直径,mm;

　　m_2——缠丝中心距离,mm。

②包网过滤器包网面孔隙率应按下列公式计算确定:

当滤网包在缠丝外时,

$$P_1 = \left(1 - \frac{d_1}{m_1}\right)\left(1 - \frac{d_2}{m_2}\right)\beta \tag{2-8}$$

式中 P_1——包网面孔隙率(%);

　　β——包网孔隙率(%)。

当垫筋外未缠丝,滤网包在垫筋外时,

$$P_1 = \left(1 - \frac{d_1}{m_1}\right)\beta \tag{2-9}$$

当滤网与骨架管之间无垫筋、缠丝分隔时,

$$P_1 = \beta n \tag{2-10}$$

式中 n——骨架管孔隙率(%)。

③填砾过滤器填砾面孔隙率宜按滤料颗粒的孔隙度确定,并应符合下列规定:填砾过滤器骨架管缝隙尺寸宜采用 D_{10};填砾过滤器骨架管为缠丝或包网过滤管时,填砾过滤器填砾面孔隙率宜按滤料颗粒的孔隙率和相应的缠丝或包网面孔隙率的乘积确定。

(4)填砾过滤器滤料的充填厚度和高度宜符合下列规定:

①滤料厚度宜为 75~150 mm;

②滤料高度宜高于过滤管的上端 5~10 m,下部宜低于过滤管底端 2~3 m。

(5)非均质含水层或多层含水层中设计滤料规格时,应符合下列规定:

①分层填砾时,应分层设计滤料规格,细颗粒含水层滤料的填充高度应高于细颗粒含水层的顶板和底板;

②难以分层填砾时,应全部按细颗粒含水层要求进行;

③粗颗粒含水层中间有薄层细颗粒含水层透镜体或夹层时,宜封闭细颗粒含水层。

(6)双层填砾过滤器,其滤料规格应符合下列规定:

①外层滤料,宜按式(2-11)和式(2-12)计算;

②内层滤料,宜为外层规格的 4~6 倍;

③滤料厚度,外层宜为 75~100 mm,内层宜为 30~50 mm;

④内层滤料网笼宜设保护装置。

(7)过滤器类型应根据含水层的性质选择,且在保证强度要求的条件下,应尽量采用较大孔隙率的过滤器,过滤器类型选择见表 2-5。

表 2-5 过滤器类型选择

含水层性质		适宜的过滤器类型
岩体	裂隙、溶洞有充填	非填砾过滤器、填砾过滤器
	裂隙、溶洞无充填	非填砾过滤器或不安装过滤器
碎石土类	$d_{20} < 2$ mm	填砾过滤器
	$d_{20} \geq 2$ mm	非填砾过滤器
砂土类	砾砂、粗砂、中砂	填砾过滤器
	细砂、粉砂	填砾过滤器、双层填砾过滤器

注:1. 供水管井不宜采用包网过滤器,不得包棕皮。

2. 有条件时,宜采用桥式过滤器(管)。

3. 填砾过滤器不包括贴砾过滤器。

(8)供水管井过滤器的制作材料,应根据地下水水质、受力条件和经济性等因素选择。

(9)当地下水具有腐蚀性或容易结垢时,供水管井过滤器(管)的设计应符合下列规定:

①应采用耐腐蚀材料制作,当采用抗腐蚀性差的材料时,应做防腐蚀处理;

②含水层颗粒组成较粗时,宜采用不缠丝过滤器;

③缠丝过滤器的缠丝材料宜采用不锈钢丝、铜丝或增强型聚乙烯滤水丝等耐腐蚀性材料。

(10)供水管井过滤器长度的确定应符合下列规定:

①均质含水层中,过滤器长度应符合下列规定:含水层厚度小于 30 m 时,宜取含水层厚度或设计动水位以下含水层厚度;含水层厚度大于 30 m 时,可采取分段取水方案,布置在不同取水深度的管井,其单井过滤器长度不宜大于 30 m。

②非均质含水层中,过滤器应安装在主要含水层部位,其长度应符合下列规定:层状非均质含水层,过滤器累计长度宜为 30 m;裂隙、溶洞含水层,过滤器累计长度宜为 30~50 m。

③过滤器的长度应按设计动水位以下部分计算。

(11)供水管井非填砾过滤器的进水缝隙尺寸,应根据含水层的颗粒组成和均匀性确定,并宜符合下列规定:

①碎石土类含水层,宜采用 d_{20}, d_{20} 为碎石土类含水层筛分样颗粒组成中,过筛质量累计为 20% 时的最大颗粒直径;

②砂土类含水层,宜采用 d_{50}, d_{50} 为砂土类含水层筛分样颗粒组成中,过筛质量累计为 50% 时的最大颗粒直径。

(12)供水管井填砾过滤器的滤料规格可按下列公式计算确定:

①碎石土类含水层,应符合下列规定:

当 $d_{20} < 2$ mm 时,

$$D_{50} = (6 \sim 8)d_{20} \tag{2-11}$$

②砂土类含水层,可按下式计算:

$$D_{50} = (6 \sim 8)d_{50} \tag{2-12}$$

式中 D_{50}——滤料筛分样颗粒组成中,过筛质量累计为 50% 时的最大颗粒直径。

当 $d_{20} \geqslant 2$ mm 时,可不填砾或充填 $10 \sim 20$ mm 的滤料。滤料的不均匀系数应小于 2。

砂土类中的粗砂含水层,当颗粒不均匀系数大于 10 时,应除去筛分样中部分粗颗粒后重新筛分,直至不均匀系数小于 10,这时应取 d_{50} 代入式(2-12)中确定滤料规格。

四、确定管井流量及数量

(一)管井流量

一般情况下,热源井是包含取水井和回灌井的井群,取水井和回灌井间相互干扰,因此在初步设计阶段,较难准确计算出在特定允许降深条件下取水井和回灌井的流量。可以先进行单井井流量设计,而后校核井群干扰时取水井和回灌井的降深。

对于承压含水层中的单个定流量完整井流,井流量可按下式计算:

$$L_{\text{w}} = \frac{4\pi K M s_{\text{p}}}{W(u)} \times 3\,600 \tag{2-13}$$

$$W(u) = \int_u^{\infty} \frac{\text{e}^{-u}}{u} \text{d}u \tag{2-14}$$

$$u = \frac{r_{\text{e}}^2 \mu_{\text{s}}}{4Kt} \tag{2-15}$$

式中　L_{w}——热源井的水流量,m^3/h;

　　　K——含水层渗透系数,m/s,对于回灌井,渗透系数的经验值仅相当于正常值的40%;

　　　M——含水层厚度,m;

　　　s_{p}——长期抽水和回灌允许的降深,m,应根据当地水文地质条件,经技术经济比较后确定,一般可取 5 m H_2O;

　　　$W(u)$——泰斯井函数;

　　　u——井函数因子;

　　　r_{e}——热源井有效半径,m,一般情况下,取水井由于洗井和长期抽水,有效半径会大于实际半径 r_{w},对于回灌井,由于长期回灌,有效半径会小于实际半径,并随着井壁堵塞逐渐严重而缩小;

　　　μ_{s}——含水层储水系数,m^{-1};

　　　t——计算时间,s,一般可取热源井寿命 15 年。

对于潜水完整井流,井流量可按下式计算:

$$L_{\text{w}} = \frac{2\pi K(2h_0 - s_{\text{p}})s_{\text{p}}}{W(u)} \times 3\,600 \tag{2-16}$$

式中　h_0——含水层初始厚度,m。

(二)管井数量

管井数量可通过热源井流量来确定。计算出井流量之后可以通过下式确定所需管井数量:

$$N = \frac{3\,600 m_{\text{gw}}}{\rho_{\text{w}} L_{\text{w}}} \tag{2-17}$$

式中　N——热源井数量,向上取整;

m_{gw}——系统所需地下总水量，kg/s；

ρ_w——地下水密度，kg/m³。

确定管井数量和间距后，应进行管井降深校核。当井群存在时，承压水含水层中，地下水降深可用以下公式计算：

$$s = \sum_{i=1}^{n} s_i = \frac{1}{4 \times 3\,600\pi KM} \sum_{i=1}^{n} \left[Q_i W(u_i) \right] \tag{2-18}$$

式中　s_i——热源井 i 在计算点产生的降深，m；

　　　Q_i——热源井 i 的流量，m³/h，抽水为正，回灌为负。

对于潜水含水层，若地下水降深相对含水层的初始厚度小很多，可使用式（2-18）进行计算。

无论是承压含水层或是潜水含水层，降深应满足 $|s| \leqslant |s_p|$（最大允许降深），若不满足，应重新设计管井流量和数量。

确定系统取水井和回灌井数量后应在此基础上增设备用井，备用井数量宜按照设计水量的 10%～20% 进行设置，并不得少于 1 口。但对于水源热泵系统，满负荷运行情况较少，井群同时工作的时间较短，可综合考虑经济效益，取水井不设置备用井。

五、确定地下水回灌方式

地下水回灌方式有真空回灌、重力回灌和压力回灌三种。设计时根据工程场地地下含水层性质选用合适的回灌方式。

（1）真空回灌又称负压回灌，是指在装置密封的回灌井中，井管和管路内充满地下水，停泵时立即关闭泵出口的控制阀门，由于重力作用，井管内的水迅速下降，管内水面之上的空间处于真空状态，如图 2-2 所示。此时，开启控制阀门和回灌管路进水阀，水迅速进入管井内，并克服阻力不断向含水层渗透。这种回灌方式适用于地下水位埋藏较深（静水位埋藏深度大于 10 m）、渗透性良好的含水层，且这种回灌对井的滤水层冲击性不强，适用于工艺不够先进、井身强度不够高的老井。

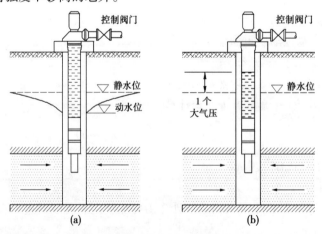

图 2-2　真空回灌图例

（2）重力回灌即无压自流回灌，是依靠自然重力即回灌水位与静水位的高差进行的回灌。重力回灌系统比较简单，适用于低水位和渗透性良好的含水层。目前国内较多系统采用无压自流回灌方式。

（3）压力回灌是通过提高回灌水压将其回灌至含水层的方法。压力回灌能够有效避免回灌堵塞，并维持稳定的回灌速率，维持系统内一定压力，可以避免因外界空气侵入而引起的地下水氧化，适用于高水位和渗透性不够好的含水层和承压含水层。但是，压力回灌对井的过滤层和含砂层冲击度较大，容易加速井身损坏。

六、井水泵设计

井水泵是给地下水加压，使地下水具有一定压头，能够在地下水源侧系统中进行循环换热。考虑到水泵在系统中的使用情况，宜选用潜水泵提供动力。

在进行水泵设计选型时，其扬程应该能够克服最低抽水层至最高回灌层水平面的高差和回灌井中回水立管的垂直淹没高度、管道摩擦阻力、阀门背压与虹吸作用产生的压头的压差。

七、其他设计要点

（1）井深应至地层变温带以下，且取水目的层和回灌目的层应在同一水层上，保证同层回灌。

（2）管井数量应满足持续出水量和完全回灌的需求，在水质较差或经常出现过滤网堵塞现象的区域，应适当增加备用井。

（3）设计时应考虑采取有效隔离空气的措施，减少由于氧气存在而引起的回灌堵塞，如 Fe^{2+} 被氧化形成 Fe^{3+} 非溶解物质。

（4）设计时为确保水源热泵系统长期稳定供水，取水井和回灌井宜能相互转换使用，以利于开采、洗井以及岩土体和含水层的热平衡。

此外，还应符合现行国家标准《管井技术规范》（GB 50296）的相关规定。

第三章　水源井成井工艺

水源热泵浅层地热能的开发利用是以浅层含水层作为热源储能场所,涉及深度在地表以下200 m范围内。热源井为垂直安装于地下的取水、回灌构筑物,在水源热泵系统中表现为取水井和回灌井。通常将安装井内装置的工作称为成井工艺,热源井成井工艺主要流程为钻进、护壁与冲洗介质→岩性鉴别→井管安装→填砾与管外封闭→洗井与抽水、回灌试验→水样采集与送检→维护与保养阶段。

第一节　钻进、护壁与冲洗介质

在钻进、护壁和冲洗介质时应遵循以下原则:

(1)管井施工采用的钻进设备、钻进工艺和泥浆指标应根据含水层类型、地层岩性、当地水文地质条件、管井用途和井身结构等因素选择,并应符合现行行业标准《供水水文地质钻探与管井施工操作规程》(CJJ/T 13)的相关规定。

(2)松散钻进过程中,当遇漂石、块石等而钻进困难时,可进行井内爆破。爆破前应进行爆破设计,并应保证地面建(构)筑物安全。

(3)井身应圆正、垂直,井身直径不得小于设计井径。小于或等于100 m的井段,其顶角的偏斜不得超过1°;大于100 m的井段,每百米顶角偏斜的递增速度不得超过1.5°。井段的顶角和方位角不得有突变。

(4)设置的护口管应保证在管井施工过程中不松动、井口不坍塌。

(5)钻进的护壁方法应根据地层岩性、钻进方法及施工用水情况确定。

(6)冲洗介质应根据地层岩性、钻进方法和施工条件进行选择,冲洗时应保证井壁稳定,减少对含水层渗透性和水质的影响,同时应提高钻进效率等。

(7)钻进过程中,注入井内的泥浆应保持性能稳定,应每隔4 h或每钻进15 m测量一次泥浆的各项性能指标。

一、钻进

(一)钻进方式

钻进方式有回转钻进、冲击钻进、反循环钻进和潜孔锤钻进等。

(1)回转钻进:利用回转钻机或孔底动力机具转动钻头破碎孔底岩石的钻进方法。开孔时,应采用短钻具和轻压慢转的方式钻进,遇松散层时可用优质泥浆护孔,对水龙头和高压胶管要用绳索牵引或用导向装置将其扶正,钻进过程中要用升降机将主动钻杆吊直,防止主动钻杆倾斜、摆动。

(2)冲击钻进:借助钻具重量,在一定的冲程高度内,周期性地冲击孔底以击破岩石的钻进方法。首先将钻具吊起对位,找正钻孔中心,开挖孔口坑,然后将钻具下放到孔口坑内,用短冲程、单冲次冲击钻进,放绳要准确、适量,保持钻具垂直冲击钻进,防止钻具摆动伤人和导致孔斜。钢丝绳冲击钻进,用于卵石、漂石和基岩中具有明显优势。钢丝绳冲击钻机原理见图3-1。冲击钻进示意图见图3-2。

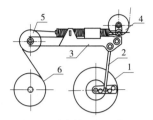

1—冲击齿轮;2—连杆;3—冲击梁;4—压轮;5—导向轮;6—卷筒

图3-1 钢丝绳冲击钻机原理图

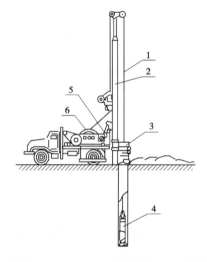

1—钢丝绳;2—桅杆架;3—井口盘;4—抽筒或钻头;5—立架油缸;6—曲柄盘

图3-2 冲击钻进示意图

(3)反循环钻进:挟带岩屑的钻探冲洗介质经钻杆内孔从钻孔内返回地面的钻进方法。反循环钻进包括泵吸反循环钻进和气举反循环钻进(见图3-3)方式。该方法具有冲洗液上

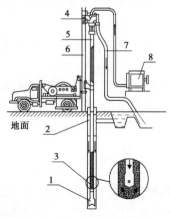

1—钻头;2—孔口管;3—混合室;4—水龙头及动力头;
5—钻杆;6—桅杆;7—胶杆;8—空压机

图3-3 气举反循环钻进示意图

返速度快、洗孔彻底、钻进效率高、钻进安全、成井后易于洗井等优点,适用于第四系松散地层以及硬度不大的基岩地层,大口径孔。孔深大于 10 m 时开始使用,超过 50 m 后方能发挥其高效的特性,钻进时须保证充足的施工用水,在地下水埋深小于 3 m 时不易护壁,不宜用于黏土层钻进。

(4)潜孔锤钻进:利用压缩空气作为循环介质,并作为驱动孔底冲击器的能源而进行的冲击回转钻进方法。气动潜孔锤钻进具有冲击和回转双重破岩作用,且有钻进效率高,成本低,且不污染含水层,成井后洗井容易,出水量大等优点,该法适用于坚硬的基岩地层、第四系胶结和半胶结地层,以及卵砾石地层,尤其适用于缺水或供水困难地区,常用于不取芯钻进。

(二)钻进事故预防与处理

1. 事故预防

在热源井钻进过程中,意外事故发生频率较高,为预防事故发生,钻具、管材及钻进工艺应符合以下规定:

(1)当钻杆直径单边磨损 2 mm、均匀磨损 3 mm,或每米弯曲超过 3 mm;岩芯管磨损超过壁厚 1/3,或每米弯曲超过 2 mm、丝扣磨损严重的,不得下入井内使用。

(2)钻具、管材、接头、节箍的内径、外径、丝扣长度、锥度及钻杆加厚部分等均应符合有关产品标准规定,并应进行质量检验。

(3)钻进中遇到回转阻力过大、动力机械响声异常、泥浆泵泵压升高、井口循环冲洗中断、钻具上提或下放遇阻、提钻后钻具有泥包现象等情况时,应及时处理,不应强行继续进行作业。

(4)提钻下钻遇阻时应立即进行扫孔。钻进、扩孔、扫孔困难时,不应强行继续施工。当出现卡钻、埋钻、烧钻等事故征兆时,应立即上下活动和转动钻具,并使井内冲洗液保持循环。

(5)合金钻进不应使用钻粒卡取岩芯。钻粒钻进变换合金钻进时,应清除井内钻粒和岩粉;合金钻进变换钻粒钻进时,宜先使用旧钻头和小钻粒,并减少投粒量和水量。

(6)使用三牙轮钻头钻进或扩孔时应根据地层情况满足钻头的钻进参数并控制回次钻进时间。

(7)中途停钻时,应将钻具上提,并向井内灌注冲洗液保持井底清洁。

2. 事故处理

钻进时应按照以上措施进行事故预防,但并不能保证钻进事故不会发生。钻进过程中可能发生的事故种类很多,有卡钻或埋钻、钻具折断或脱落、冒水、井壁坍塌及其他事故种类。

1)卡钻或埋钻

A. 卡钻

卡钻是钻进过程中的常见事故,指钻具在井内停止时间过长或其他原因无法继续正常工作的情况。

遇到冲击卡钻事故时,应按以下规定进行处理:

(1)上部卡钻时,不应强行提出,应松开钢丝绳将钻具下放,将卡钻部位松动后再上提。

(2)下部卡钻时,不应强提或反打,应绷紧钢丝绳,用力摇晃的同时上提解卡。处理无效时,宜采用多轮滑车、千斤顶或杠杆等上提处理。

（3）对于岩石块、杂物坠落等导致的卡钻,不应强提钻具,应使钻具向井下部移动,钻头离开坠落物后再上提钻具。

（4）对于缩孔导致的卡钻,应向上小冲程反冲,边冲边提。

遇到回转钻进卡钻事故时,应按以下规定处理:

（1）对于松散地层钻进形成"螺旋体"井壁而造成的上部卡钻,应先使钻具降至原来钻进位置,再回转钻具,边转边提,直到提出钻具。

（2）对于缩孔造成的卡钻,应采用反钻方法边钻边提。

（3）对于基岩中卡钻,不应中断泥浆冲孔,应加大提升力提拔钻具或用千斤顶、绞车提出钻具。处理无效时,应采用提打吊锤振动方法或卸扣套钻方法进行处理。

B. 埋钻

卡钻事故极易发展成为埋钻事故,当遇到埋钻事故时,应先调整泥浆指标参数或下套管稳定井壁。若埋钻情况严重,宜先用空气压缩机、泥浆泵或抽筒清除上部沉淀物,再上提钻具。若上提无效,宜使用千斤顶起拔。井壁稳定时,宜在顶起过程中配合使用空气压缩机、泥浆泵冲洗。

2）钻具折断或脱落

由于岩石硬度不均,导致钻杆在工作过程中受到的应力呈无规则变化状态。若在钻进时加压过大,超过钻杆抗扭力限度,就有可能出现折断,导致钻具脱落。若遇钻具折断或脱落事故,应在打捞前分析事故钻具的部位、深度、靠壁状况及坍塌淤塞情况,并宜下入打印机探测。

事故处理宜采用捞钩、公母螺纹锥套、抽筒活门卡或钢丝绳套等打捞,确认接上或套住断落钻具后再上提。若确认套上但上提不动,可按卡钻或埋钻事故处理。当断落钻具倒靠井壁时,打捞工具上应带导向装置。对于小型工具、物件落入井内的情况,应先将井底的沉淀物清除,再采用磁力打捞器、带弹簧卡片的岩芯管、抓筒或抽筒等器具捞取。

3）冒水

冒水防治措施:在埋设护壁筒之前,桩位与周围应选用最佳含水量的黏土分层夯实,保证护壁筒高出地面 30 cm 或水面 1~2 m;在护壁筒适当高度开孔,使护壁筒内保持 1~1.5 m 的水头高度;钻头起落时,应防止碰撞护壁筒;发现护壁筒周边冒水时,应立即停止钻孔,用黏土在四周填实加固;若护壁筒严重下沉或移位,则应重新安装护壁筒。

4）井壁坍陷

当井发生坍塌时,应先将钻具提离井底,并尽快将全部钻具提出井外。

处理事故前,应先查明坍塌的深度、位置、坍塌部位的地层、井内泥浆指标和淤塞情况,确定坍塌原因。

当坍塌发生在井口时,对于未设护口套管的井,应立即加设护口套管;对于已设护口套管但不符合要求的,应重新装设。当坍塌发生在井的上部含水层时,应下套管隔离坍塌地层,并用黏土封闭,清除井下部的坍塌物,调整井内泥浆密度和黏度后继续钻进。当坍塌发生在井的下部含水层时,应调整泥浆密度和黏度进行处理。当调整泥浆指标不能排除事故时,应将坍塌部分用黏土填实,调整泥浆密度后重新钻进。

填砾过程中,当泥浆外流造成井的坍塌时,应先在管外用直径 50 mm 导管注入泥浆冲洗坍塌物,再将钻杆活塞下入井内,封闭井口,由上而下依次向各层滤水管上部压注泥浆,使泥浆通过滤水管从井管外挟带坍塌物流出,直至最下层滤水管。

二、护壁

护壁应根据地层条件、水源情况和技术要求进行选择,可采用泥浆、水泥浆或套管进行护壁。采用泥浆护壁时,井内泥浆液面不应低于地面下 0.5 m,漏失严重时,应将钻具迅速提至安全井段,查明原因并作出处理后继续钻进。

在松散地层中采用泥浆护壁钻进时,应在井口设套管,且套管外径宜比开孔钻头直径大100 mm。套管下入深度宜在潜水位 1 m 处,潜水位较深时,套管下入深度可根据地层及水位具体情况确定,但不应小于 3 m。

套管应固定于地面,管身应保持垂直,其中心应与钻具垂吊中心一致。套管外壁与井壁之间的间隙应使用黏土或其他材料填实。套管需要起拔时,各层套管与地层接触允许长度应符合表 3-1 的规定。

表 3-1　各层套管与地层接触允许长度

岩土性质	第一层(m)	第二层(m)	第三层(m)	第四层(m)
卵石	30	30	25	20
砾砂	40	35	30	30
粗、中砂	40	35	30	30
细、粉砂	60	25	25	25
黏土	35	30	30	30
粉质黏土	40	40	30	30
粉土	40	40	30	30

在进行承压自流水含水层钻进时,应采用大密度泥浆压喷护壁,泥浆密度不宜低于 1.5 g/cm^3;同时设置足够容量的泥浆池,且钻进过程中应及时清除池内岩屑和沉淀物;在钻穿含水层顶板前,井内泥浆密度应符合要求,且应准备足够的泥浆备用。

在松散覆盖的基岩中钻进时,对上覆盖层应下入套管。对下部易坍塌覆盖层下入套管时,宜在钻穿覆盖层进入完整基岩 0.5~2 m 处并取得完整岩芯后进行。

套管应固定于地面并使管身垂直,且其中心应与钻具垂吊中心一致。每套套管的底部均应放在井变径处的台阶上,并以水泥浆或其他材料将套管外壁与井壁之间的间隙填实。

采用水泥浆填封套管底部时可采用预填法和压注法。使用预填法进行填封时,应用泥浆泵或带有辅助控制活门的特制抽筒,将水泥浆送至井底,达到需要填封的高度,并在水泥浆凝固前将套管插入水泥浆内等待凝固;使用压注法进行填封时,应将套管下入预定深度后,再在套管外下入注浆管,将水泥浆自注浆管压入填封部位,达到所需高度后等待其凝固。

当钻进遇到卵石、破碎带且难以使用泥浆护壁时,可采用水泥浆进行堵漏护壁。使用水泥浆堵漏护壁时,可使用泵压灌注法、井口灌注法及干料投放法等向井内灌注水泥。灌注水泥浆前应完成以下准备工作:

(1)查清井内地层的类型、位置、构造特征、岩性特点、漏失层结构及漏失程度,确定灌注井深、浆液用量、灌注方法。

（2）根据灌注方法和要求，选用水泥外加剂进行试验，确定水灰比、外加剂量的配方。水泥浆应具备初期流动性、快凝早强等性能。

三、冲洗介质

钻探中应根据地层性质、水源条件、施工要求、钻进方法、设备条件等，选择空气、泡沫、清水或泥浆作为冲洗介质。冲洗介质的选择应符合以下规定：

（1）钻进致密、稳定地层，应选用清水或无黏土相冲洗液。

（2）钻进水敏性地层或砂层，应选用低失水量的冲洗液。

（3）钻进水头高出地表的承压含水层、松软和卵砾石地层，应选用高密度优质冲洗液。

（4）钻进微裂隙或孔隙性取水含水层，应选用渗透恢复率大于80%的冲洗液。

（5）钻进漏失地层，应选用添加堵漏材料的冲洗液，并应根据冲洗液漏失量的大小选择堵漏材料的种类及加入的浓度。对严重漏失地层，可将大粒径、不同形状的堵漏材料混合使用。但对于主要含水层和取水层的漏失地段，不应使用堵漏材料。

（6）在缺水地区或渗漏地层钻进时，应采用空气或泡沫、雾化、充气冲洗液等低密度冲洗液。

用泥浆作为冲洗介质时，应测定制作泥浆和井内泥浆的黏度、密度、含砂量、失水量和pH值等指标。不同地层井内适用的泥浆性能指标按表3-2确定。

表3-2　不同地层井内适用的泥浆性能指标

岩土性质	黏度（Pa）	密度（kg/m³）	含砂量（%）	失水量（mL/30 min）	pH 值
非含水层（黏性土类）	15～16	1.05～1.08	<4	<8	8.5～10.5
粉、细、中砂	16～17	1.08～1.1	4～8	<20	8.5～11
粗砂、砾石层	17～18	1.1～1.2	4～8	<15	8.5～11
卵石	18～28	1.15～1.2	<4	<15	8.5～11
承压自流水含水层	>25	1.3～1.7	4～8	<15	8.5～11
遇水膨胀岩层	20～22	1.1～1.15	<4	<10	8.5～10.5
坍塌、掉块岩层	22～28	1.15～1.3	<4	<15	8～10
基岩	18～20	1.1～1.15	<4	<23	7～10.5
裂隙、岩溶岩层	22～28	1.15～1.2	<4	<15	8.5～11

不同地层钻进时，泥浆性能应符合下列规定：

（1）在砂、砾、卵石地层中钻进时，应提高泥浆的黏度。

（2）在松散易塌、稳定性差的地层中钻进时，应加大泥浆的密度，同时控制失水量。

（3）在高压含水层中钻进时，应加大泥浆的密度。

（4）在漏水地层中钻进时，应降低泥浆的密度，同时提高黏度。

（5）在吸水膨胀地层中钻进时，应控制失水量。

（6）在第四系地层中钻进时，应勤换泥浆，且泥浆的含砂率应小于8%。

注意：井内采取泥浆试样时，冲击钻进在井中部取样，回转钻进可在泥浆泵的吸泵底阀附近取样。

用泥浆作冲洗液时，应对井中排出的泥浆进行净化，且净化宜采取下列方法：

（1）稀释井内排出的泥浆，加速泥浆中砂砾的沉淀与排出。

（2）挖掘循环槽和沉淀池，提高沉淀效果。

（3）采用震动泥浆筛、旋流除砂器等人工净化设备进行净化。

配置泥浆用的黏土应符合下列规定：

（1）初步判定时，黏土应具有含砂量小、手感致密细腻、可塑性强且膨胀性好等特点。

（2）所配泥浆的性能指标应符合表3-2的规定。

配置泥浆用的黏土应预先捣碎，用水浸泡后再搅拌，也可使用黏土分配剂，不应向井内直接投黏土块。

当泥浆性能指标不能满足要求时，应根据需要选择下列方法进行处理：

（1）需要提高泥浆黏度、降低含砂量和失水量时，可采用纯碱（Na_2CO_3）处理，且通过试验确定纯碱使用量，宜为黏土质量的0.5%~1%。

（2）需要提高泥浆的密度时，可采用加重剂处理。加重剂宜采用重晶石粉（$BaSO_4$），用量可按下式计算：

$$P = \frac{1\,000\rho(\rho_1 - \rho_2)}{\rho - \rho_2} \tag{3-1}$$

式中　P——配置1 m^3泥浆所需加重剂的质量，kg；

　　　ρ——加重剂的密度，g/m^3；

　　　ρ_1——加重后的泥浆密度，g/m^3；

　　　ρ_2——加重前的泥浆密度，g/m^3。

需要降低泥浆的失水量、静切力和黏度时，可采用丹宁碱液（NaT）处理；NaT应采用丹宁酸加烧碱以2:1、1:1或1:2配置，NaT的加入量宜为泥浆体积的2%~5%。需要增加泥浆的絮凝作用、降低失水量和提高黏度时，可采用聚丙烯酰胺（PHP）处理，加入量应符合以下规定：

（1）对于砂土地层，1 m^3泥浆可加入5~12 kg、浓度为1%的PHP溶液。

（2）对于砾、卵石类地层，1 m^3泥浆可加入30~50 kg、浓度为1%的PHP溶液。

处理护壁泥浆时应使用泥浆搅拌机，且搅拌时间不宜少于30 min，同时循环泥浆中应防止雨水和地表水渗入，且不应加水。

第二节　岩性鉴别

管井地层岩性鉴别应在以下原则的基础上进行：

（1）管井地层岩性的划分应根据物探测井资料及钻进岩屑综合分析确定。当无物探测井资料时，采取土样和岩性应符合下列规定：

①松散层地区，含水层宜取土样一个；

②岩体地区，应根据采取的岩芯或返出的岩粉确定。

（2）松散层土类型的划分应符合表 3-3 的规定。

表 3-3　松散层土类型的划分

类别	名称	说明
碎石土	漂石	圆形及亚圆形为主,粒径大于 200 mm 的颗粒质量超过总质量的 50%
	块石	棱形为主,粒径大于 200 mm 的颗粒质量超过总质量的 50%
	卵石	圆形及亚圆形为主,粒径大于 20 mm 的颗粒超过总质量的 50%
	碎石	棱角形为主,粒径大于 20 mm 的颗粒超过总质量的 50%
	圆砾	圆形及亚圆形为主,粒径大于 2 mm 的颗粒超过总质量的 50%
	角砾	棱角形为主,粒径大于 2 mm 的颗粒超过总质量的 50%
砂土	砂砾	粒径大于 2 mm 的颗粒占总质量的 25% ~ 50%
	粗砂	粒径大于 0.5 mm 的颗粒超过总质量的 50%
	中砂	粒径大于 0.25 mm 的颗粒超过总质量的 50%
	细砂	粒径大于 0.075 mm 的颗粒超过总质量的 85%
	粉砂	粒径大于 0.075 mm 的颗粒不超过总质量的 50%
粉土	粉土	塑性指数 $I_p \leqslant 10$
黏性土	粉质黏土	塑性指数 $10 < I_p \leqslant 17$
	黏土	塑性指数 $I_p > 17$

注:土的名称应根据粒径分组由大到小,以最先符合者确定。

（3）勘探取水井的土样、岩样的采取应按现行国家标准《供水水文地质勘察规范》(GB 50027)的规定执行。

（4）管井施工时采取的土样、岩样应妥善保存。

第三节　井管安装

井管是垂直安装在地下的取水、回灌通道,由井壁管、过滤管和沉淀管组成,井壁管安装在非取水层,起保护井壁的作用;过滤管安装在取水目的层,起滤水挡砂作用;沉淀管安装在水井最底部,起沉淀水中砂粒作用。井管安装工作是成井工艺的关键工序,直接影响成井质量,若在井管安装过程中发生井壁脱落、断裂、错位、扭斜和中途遇阻等,会造成不可挽回的损失。

因此,需合理选择井壁管、过滤管和沉淀管,并在井管安装前做好以下准备工作:

（1）探井:回转钻进可用由钻杆和找中器组成的探测器,冲击钻进可用肋骨抽筒或金属管材作探孔器。探孔器的有效部分长度宜为井直径的 20 ~ 30 倍,外径宜比井直径小 20 ~ 30 mm。下置探孔器中途遇阻时,应提出探孔器后进行修孔,直至能顺利下到井底。

（2）扫孔:在松散层中采用回转钻进至预定深度后,宜用比原钻头直径大 20 ~ 30 mm 的钻头扫孔,扫孔时间和程度应根据下井管的时间、地层的稳定性等确定。扫孔时,宜用轻钻压、快转速、大泵量的方法进行,在清扫含水层井段泥壁时宜上下提动钻具。

(3)换浆:使用回转钻进时,当扫孔工作完成后,除高压自流水井外,应及时向井内送入稀泥浆以替换稠泥浆;使用冲击钻进时,应采用抽筒将井中稠泥浆掏出后换成稀泥浆。送入井内泥浆黏度宜为 16 ~ 18 s,密度宜为 1.05 ~ 1.1 g/cm³。换浆过程中应使泥浆逐渐由稠变稀,不应突变,且孔口上返泥浆与送入孔内泥浆性能应一致,当返出泥浆的黏度和稀泥浆相近时,换浆工作即可结束。

(4)校正井深:精确测量井的深度,尤其是含水层的深度,以保证准确安装井管及过滤管。

(5)检查排列井壁:丈量井壁管和过滤管,使之与校正的井深一致,以免造成误差,按照井管安装的顺序对井管进行排水、编号,并做好记录,务必使过滤管安装到含水层的预定位置。

(6)井管强度校核:井管安装前,根据下入井内不同材质井管的总质量,分析其应力状态,并校核井管强度,然后根据井管类型和受力情况确定井管安装方法。

一、管材选用

井管安装之前需选择合适的管材,井壁管常用材质有钢管、铸铁管、卷焊管和非金属材料管;过滤管常用材质有钢管、钢骨架管、铸铁管、石棉水泥管、混凝土管、砾石水泥管及塑料管等;沉淀管材料宜与井壁管相同。

二、井管安装方法

井管安装时应注意:提吊井管时应轻拉慢放,井管安装受阻时不应强行压入;用管箍连接的井管应先在地面试连接,丝扣吻合度不良的管箍不应使用;以焊接方式连接的井管,其两端应通过机床加工且在一端打坡口,端面应与井管轴线垂直,焊接井管时应检验垂直度,先在四周边点焊边检查,不应集中以免连续焊接。井口垫木应用水平尺找平,并放置稳定,铁夹板应紧靠管箍或管台,卸夹板时手不应放在夹板下面;井管安装过程中应始终保持井中水位不低于地面下 0.5 m;井管全部下完后,钻机应继续提吊部分井管重量,并将井管上部固定于井口。

应根据成井深度、井管的材质、起重设备的能力等选择确定井管安装方法,常用井管安装方法有提吊井管安装法、浮板井管安装法、托盘井管安装法及二次井管安装法。采用一种方法安装井管困难时,可采用两种或两种以上方法同时进行,称为综合井管安装法。

(一)提吊井管安装法

提吊井管安装法宜用于井管自重(或浮重)小于井管允许抗拉力和起重的安全负荷情况。使用提吊法进行井管安装时应符合以下规定:

(1)井管自重或浮重不应超过管材允许抗拉强度和钻探设备安全负荷。

(2)当钻机提升能力和钢丝绳抗拉强度不足时,应增加滑轮组数。

(二)浮板井管安装法(浮塞井管安装法)

用浮力塞封闭井管下端,来增加井内液体对井管的浮力,减少整个井管柱的重力,以适应升降机和钻塔的较小起重能力,同时,也降低了管柱上端由于自重产生的重力。

采用这种方法进行井管安装的关键是要求严格密封,除本身结合严密外,井管接口也必须密封,严防漏水,否则浮板或浮塞将会失去作用。井管下降要平稳,防止较大冲击,在扫除浮板或浮塞前,井管内要注水,使浮板上下压力平衡,否则易造成井喷。使用浮板(浮塞)井管安装法进行井管安装时应符合以下规定:

(1)浮板或浮塞应安装在预定位置,井管安装前,应确定浮板或浮塞没有问题。

(2)井管安装时对排出的泥浆应做好储存及引流工作。

(3)井管安装时不得向井内观望。

(4)下完井管后向管内注满与孔内密度相等的泥浆,再取出或打破浮板、浮塞,不宜向井管浮板以上灌注清水。

(三)托盘井管安装法(两种)

(1)钢丝绳托盘法:采用钢丝绳管外兜吊放入井内。主要用于水泥混凝土井管、石棉水泥管、矿渣水泥管、砾石水泥管等。所用工具及设备有托盘、钢丝绳、铆钉和绞车等。托盘种类有钢板托盘、钢筋混凝土托盘、木质托盘三种。吊重的钢丝绳有三根、四根或两根。

(2)钻杆托盘法:采用钻杆在井内悬吊将井管放入井内。主要用于抗拉强度不高的非金属井管。所用工具及设备有托盘、钻杆、钻机等。

小于井管安装设备的安全负荷和井管的抗压强度及大于井管的抗拉强度时宜采用托盘井管安装法。使用钻杆托盘法井管安装时,钻杆反丝接头应松紧适度;井管安装过程中应调整钻杆长度,使其接头位于井管连接面附近。

(四)二次井管安装法

所谓二次井管安装法,就是把全部井管分两次下入井内。有效重量大于井管安装设备的安全负荷或大于井管的抗拉强度时宜采用该井管安装方法。使用二次井管安装法进行井管安装时,应符合以下规定:

(1)两级井管应选择在地层完整、孔壁稳定的孔段进行对接。

(2)第一级井管安装长度应比第二级井管安装长度至少长 10 m。

(3)第一级井管顶端管口处,应带防砾罩,罩高应为 0.3 ~ 0.5 m,在罩以上 0.1 ~ 0.2 m 处的钻杆上,应固定限位夹板。

(4)距第一级井管顶端 1 ~ 2 m 处应装扶正器。

(5)第一级井管安装完成后,应在该井段内先冲孔、填砾。填砾时应先将井管吊直,使井管处于钻孔中心,再进行第二级井管安装。

(6)第二级井管下至接近第一级井管管口处时,应慢下轻放。

(五)综合井管安装法

在深井中进行井管安装时,井管重量很大,可同时采用两种或两种以上的井管安装方法为综合井管安装法。该方法宜用于结构复杂和下置深度过大的井管。

此外,井管安装还应遵循以下原则:

(1)井管安装时,井管应直立于井口中心,上端口应保持水平。

(2)过滤管应安装为淹没式,当含水层厚度允许时,应将过滤管置于含水层下部,且过滤管下置深度偏差应控制在 ±300 mm。

(3)井管顶端高度,取水管井应满足设计要求,回灌管井应高出地面 0.3 m 以上。

(4)沉淀管应封底。当松散层下部已钻进而不使用时,井管应坐落牢固;基岩管井的井管应坐落在稳定岩层的变径台阶上。

(5)采用填砾过滤器的管井应设置扶正器。

第四节　填砾与管外封闭

一、填砾

填砾主要是为增大过滤水管周围的孔隙率和透水性,减小进水时的阻力损失,以增加水井出水量;同时也可以起到滤水挡砂的作用,从而延长水井使用寿命。

(一)砾料选择

砾料应选择质地坚硬、密度大、浑圆度好的石英砾,质硬、干净,不污染地下水。不宜选用易溶于盐酸和含铁、锰的砾石及片状或多棱角碎石。填砾时可以根据表3-4选择砾径。

表3-4　填砾砾径选择

含水层类型	砂土类含水层	碎石土类含水层	
	$\eta_1 < 10$	$d_{20} < 2$ mm	$d_{20} \geqslant 2$ mm
砾径(D)尺寸	$D_{50} = (6 \sim 8)d_{50}$ mm	$D_{50} = (6 \sim 8)d_{20}$ mm	$D = 10 \sim 20$ mm
砾料(η_2)要求	$\eta_2 \leqslant 2$		

注:1. 表中η_1为含水层的不均匀系数,η_2为砾料的不均匀系数,即$\eta_1 = d_{50}/d_{10}$;$\eta_2 = D_{60}/D_{10}$。

2. d_{10}、d_{20}、d_{50}、d_{60}和D_{10}、D_{20}、D_{50}、D_{60}分别为含水层试样和砾料试样,各在筛分中能通过筛眼的颗粒,其累计重量占筛样总重分别为10%、20%、50%、60%时的筛眼直径。

(二)填砾的高度、厚度及用量

1. 填砾高度

多含水层根据相邻两含水层、隔水层厚度而定,一般填砾高度不小于含水层厚度的1.2～1.3倍,若隔水层较薄且距含水层较近,可填至隔水层顶板处。

2. 填砾厚度

填砾厚度应根据含水层颗粒大小和钻孔类型确定,可参照表3-5选用。

表3-5　填砾厚度选用

含水层类型	粗砂、砾石含水层		中、细、粗砂含水层	
钻孔类型	水文地质井	供水井	水文地质井	供水井
填砾厚度(mm)	50～75	75～100	75～100	100～150

3. 滤料数量

填砾用量可按下式计算:

$$V = 0.785(D_k^2 - D_g^2)L\alpha \tag{3-2}$$

式中　V——填砾用量,m^3;

　　　D_k——填砾段井径,m;

　　　D_g——过滤段井径,m;

　　　L——填砾段长度,m;

　　　α——超径系数,宜为1.2～1.5。

(三)填砾方法及要求

(1)采用开泵正循环冲洗填砾法填砾时,应始终保持冲洗,不准停泵。

(2)采用无泵填砾法填砾时,井内液体应始终保持从管口溢出,若溢流中断,可能是填砾遇到堵塞,应采取措施,使管口恢复溢流后继续填砾。

(3)采用空压机反循环冲洗填砾法填砾时,井口应与水源连通,始终保持冲洗液循环,不得间断。此法能防止砾料中途堵塞和井内分选,但仅适用于井壁稳定的钻井,不适用于松散易塌地层。

二、止水与管外封闭

填砾之后需对含水层进行止水并进行管外封闭,止水是为避免各含水层相互干扰,保证能够正确评价水文地质条件,封闭有害含水层及地表水而进行的工作。管外封闭是对整个井管外进行的封闭工作。

(一)止水

1.止水基本要求

(1)止水前,应先探孔并排除孔内障碍物。根据钻井施工目的不同,进行不同位置的止水:对于观测井,应在观测层和非观测层止水;进行分层抽水、回灌试验时,应在试验层与非试验层进行止水;对于供水井,应在开采层与非开采层进行止水;对于混合取水的钻井,应在钻井上部与井口套管处进行止水。止水部位在孔底时,应先清除孔底杂物。

(2)应准确掌握止水层、隔水层的深度和厚度,并应在测出止水部位的孔径后,准确确定止水物的直径、程度和数量;止水器或止水物应准确放置在止水部位。此外,钻井换径部位根据需要有时也进行止水。

(3)接头部分应用棉纱、铅油、沥青或油漆进行封闭,止水材料不能污染地下水。

2.止水材料

止水材料有临时止水材料和永久止水材料之分,临时止水材料主要用于水文地质和工程地质钻井中,永久止水材料主要用于供水井中。

1)临时止水材料

(1)海带。海带具有柔软、遇水膨胀、压缩后不透水、不透气等性能,海带肉厚、叶宽、体长;将海带编成辫子,缠绕在止水套管外壁上,形若枣核,长0.5 m左右,最大直径稍小于钻井直径,遇水4 h后体积膨胀4倍。适用于基岩地层、松散稳定地层(不变径)。

(2)桐油石灰。桐油石灰具有良好的黏性、塑性、不透水性和不透气性能,取材容易,成本低廉。桐油和石灰重量比称为油灰比,一般为1:3~1:5。在井壁不规则和有小裂隙的情况下,桐油石灰糊状物能挤进井壁裂隙而使止水效果加强。使用桐油石灰止水适用于松散地层和基岩。

(3)橡胶制品:橡胶制品具有富弹性与不透水、气的特性,有中空胶球和中空胶柱两种外形。利用橡胶制品止水时,将橡胶止水制品套装在止水心管上,加压或充水、充气使之膨胀,即能封闭心管与井壁之间的环状间隙,达到止水目的。使用橡胶制品止水适用于较完整的基岩钻井中。

2)永久止水材料

(1)黏土。黏土具有一定黏结力和抗剪强度,压实后具有不透水性,且经济适用,来源广泛。止水时,将黏土制成的小球围填于钻井和套管之间,或先投入钻井内,然后下入带木塞的套管将黏土挤在套管与井壁之间。这种止水材料适用于大口径松散层填砾成井的取水井、抽水试验或长期观察井。

(2)水泥。水泥浆能在水中硬化,与井壁岩石有一定的胶结力,且有良好的隔水性能。常用止水水泥有普通硅酸盐水泥、硫铝酸盐水泥、油井水泥、胶质水泥等。将水泥配制成水泥浆或水泥砂浆,用泵通过钻杆可以直接向管外灌注,或自管内经特殊的接头流至井管外环状间隙中。

3. 止水质量检查

止水工作完毕后,需进行止水质量检查,确保水文资料的准确性、供水水质合格及井的使用寿命。止水效果检查可选择下列方法。

1)水位压差法

准确观测止水井管内外水位,然后用注水、抽水或水泵压水保持止水管内外水位差,并使水位差增加到所需值,稳定 30 min 后,水位波动幅度不超过 0.1 m 时,可判定止水合格。

2)食盐扩散检查法

先测定管内地下水的电阻率,再将浓度为 5% 的 NaCl 溶液倒入止水管与井壁之间的环状间隙内,2 h 后测管内地下水电阻率,若与未倒入 NaCl 溶液时地下水的电阻率一致,可判定止水合格。

该法适用于仅有 2~3 级监测管的多级完整监测井成井过程中。检查结束后,应从监测管外将井内的 NaCl 水抽出,抽水时应往井内注清水或泥浆以防井壁坍塌。

3)泵压检查法

此法利用水泵压力造成内外压差,以达到检查止水质量的目的。操作时,密闭止水套管上部,接通水泵后送水,使水泵压力保持在止水期间可能产生最大水柱压力差的泵压,稳定 30 min 后,其耗水量不超过 1.5 L 时,可判定止水合格。止水物为黏土时,不宜用泵压法检查止水质量。

4)水质对比法

止水前后,在被止水隔离的上下含水层地下水中,分别取水样进行水质化验,当上下含水层中地下水仍保持其原有水质时,可判定止水有效。

(二)管井封闭

应在洗井结束后对必要部位进行管外封闭,管井封闭应符合以下规定:

(1)应准确掌握隔水层的深度及厚度,并应确定封闭位置。

(2)井管外围用黏土封闭时,应选用优质黏土做成球(块)状,直径宜为 20~30 mm,并应在半干状态下缓慢填入。

(3)井管外围用水泥封闭的方法应根据地层岩性、地下水水质、管井结构和钻进方法等因素确定。

(4)高压含水层井的井口段应封闭,封闭时应在靠近高压含水层上部不透水层处井管外焊圆环状托盘,并在托盘上绑扎棕头 2~3 道,再在上部填黏土球或灌注水泥浆。

(5)在井管外围中段地层封闭时,封闭位置应准确确定,上、下偏差不得超过 300 mm,并应在封闭段上、下各附加 2~5 m 的封闭余量。

(6)井管封闭后应检查效果,若达不到设计要求,应重新进行封闭。

第五节 洗井与抽水、回灌试验

一、洗井

清除井壁上的泥皮,并把渗入到含水层中的泥浆抽吸出来,恢复含水层空隙,进而抽洗出含水层中部分细小颗粒,扩大含水层的空隙,从而形成一个人工过滤层的工作称为洗井。

洗井是为了彻底清除井内岩屑、浓泥浆,破坏井壁上的泥皮,疏通进水通道、取水含水层中的泥土、粉砂、细砂以及渗入含水层中的泥浆,以疏通含水层,增大井孔周围含水层的渗透性,并使过滤管周围形成一层良好的滤水层,达到最大出水量。

洗井应在井管安装、填砾、止水后立即进行,不能停置时间过长,以免井壁泥皮硬化后不易破坏,造成洗井困难,影响水井出水量。

常用洗井方法很多,应根据含水层特性、管井结构、管井质量、结构与强度、管井中水力特征及含泥沙情况选择合适的洗井方法。

(一)活塞洗井

活塞洗井的工作原理是"双向流作用"原理,将特制的洗井活塞安装在钻杆或捞砂抽筒上,放入井内送到过滤水管部位。借助钻杆或抽筒重力,迅速下降,冲击井水,使井水透过过滤管冲击含水层,此为洗井下降过程;然后上提活塞,在活塞下面的井段内形成真空,含水层中水迅速流入井内,破坏泥皮,并携带含水层中的泥、细砂和渗入的泥浆,此为洗井上提过程。如此反复上提下冲,就会在短时间内在井壁外形成良好的天然滤水层。

活塞结构形式较多,大致可以分为木质活塞、铁质活塞和抽筒活塞等(见图3-4)。活塞洗井成本较低且效率高,是一种被广泛采用的洗井方式,但是只适用于中砂以上的含水层和丝扣连接的金属井管。在细砂以下的含水层和弯曲度过大的井管中不应使用活塞洗井,也不应用于塑料管、石棉水泥管、砾石水泥管和钢筋骨架管材质的管井。

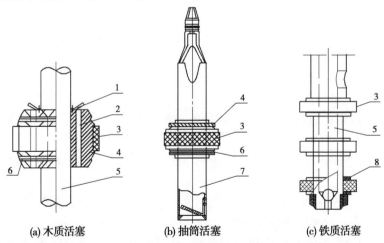

(a) 木质活塞　　　　(b) 抽筒活塞　　　　(c) 铁质活塞

1—活门;2—排水孔;3—胶皮带;4—木塞;5—钻杆;6—铁丝;7—抽筒;8—法兰盘

图 3-4　活塞洗井

(二)喷射洗井

在钻杆底端安装喷射器,喷射器由喷嘴(硬质合金制)高压水泵击底部,井水经钻杆、喷射器的喷嘴喷出,以极高流速向滤水管壁喷射,破坏吸附在井壁上的泥皮,扰动管外滤料,有效清除管壁上的锈垢,使砾石重新排列,最后抽出井内泥沙,达到洗井目的。

洗井时应从含水层上部开始,逐渐下移,直至整个含水层都喷射一遍。这种方法不但用于洗井,而且可用于老井出水量的修复。

(三)压缩空气洗井

压缩空气洗井是用高压空气间歇地向井内猛烈喷射,推动井管内水向填砾层、含水层流动,冲刷破坏井壁泥皮,同时井管内的水在压缩空气上举作用下涌出井口,使井内呈现短时反压差,含水层挟带被破坏的泥皮和细小砂粒涌入井内。

(1)在浅井中,可将风管伸出扬水管外 1~2 m,猛开压缩空气的气阀,使大量高压空气射入井内,将泥皮冲破,使泥浆和细砂涌入井内,然后将风管提入扬水管内,继续向井内送入压缩空气,进行抽水冲洗。

(2)在深井中,因受空气压缩机额定风压的限制,风管不能伸出扬水管外,可在间歇的高压空气的冲击下发生剧烈的震荡。经过数次送风后即可连续向井内送入压缩空气,抽出井内的积沙和泥浆,如此反复进行,直到合格。

(四)液态 CO_2 洗井

液态 CO_2 洗井是采用向井内注入 CO_2,使其在井内产生强烈的物理效应,以冲击和扰动填砾层和含水层,迫使井内的水喷出地表,达到洗井目的。这种方法适用于浅井,也可用于 2 000 m 以上的深井。

液态 CO_2 是在常温时将净化后的 CO_2 气体施加压力达 7 MPa 后的液化产物,使用专用气瓶容器盛放,并应将气瓶涂成黑色,标以黄色字。输送管道及其连接、控制设备、仪表的规格及质量应符合设计要求,且操作灵活可靠。管道及开关连接应牢固,各部位丝扣应缠麻涂液,拧紧密封,并使管道保持畅通。气瓶应防止敲击、碰撞和震动,且远离热源,不能暴晒。

液态 CO_2 洗井时应符合以下规定:

(1)洗井前,应将井口护口管加固,井附近设备应用帆布盖好;洗井时,作业人员应在井口喷射物掉落范围外的安全区进行工作。

(2)下输送管前,应测定井内沉淀物高度,并将其清捞至井底;输送管下端离井底部应留有空隙,不应插入沉淀物内。

(3)输送管下入深度应根据目的含水层埋深确定,宜下至目的含水层中部,且下端不应放在过滤水管部位。

(4)使用 CO_2 气瓶时,应平放于地面并使瓶底高于瓶口,释放 CO_2 时,应戴手套和防护眼镜。

(5)CO_2 的输送量应根据输送管下端没入水中深度、管井口径和地层条件确定,以能使 CO_2 在井内气化膨胀后形成井喷为原则。

(6)输送 CO_2 时,应迅速开启和关闭气阀,水涌出井口时,应立即关闭阀门,井喷结束后,可再次开启,从关闭到下次开启宜连续进行。

(7)管汇上应安装压力表,当表压超过 2 倍水柱压力仍未发生井喷射时应立即关闭气阀,并在打开管汇上的安全阀泄压后进行处理。

(8)拆卸输送管之前,应放空管道内余气。

(五)焦磷酸钠洗井

目前国内用于洗井的焦磷酸钠是无水焦磷酸钠($Na_4P_2O_7$),呈白色粉末状,易溶解,价格便宜。洗井时,焦磷酸钠与泥浆中的黏土发生综合反应,起到分散黏土颗粒的作用,使聚结在一起的泥皮(可能附着于滤水管上、砾料中及井壁上)瓦解并逐步呈现泥浆状态,并将泥浆排出井外,达到洗井目的。

使用焦磷酸钠洗井时应符合以下规定:

(1)井内泥浆的 pH 值应在 6~7。

(2)洗井时可将焦磷酸钠与滤料拌和后随填料过程填入,也可配成浆液使用输送管或泥浆泵填入井内。

(3)使用焦磷酸钠与滤料拌和使用时,焦磷酸钠用量应根据钻孔中的泥浆数量计算,宜为 10~15 kg/m³;使用输送管或泥浆泵泵入浆液时,配置的焦磷酸钠浓度宜为 0.6%~1.0%。当钻进周长长、泥浆密度大、固相含量高时,均取大值,反之取小值。

(六)综合洗井

在同一井内交叉使用两种或多种洗井方法称为综合洗井。通常当井壁泥皮较厚或结硬时,先向井内注入焦磷酸钠,使泥皮软化,然后用活塞、抽筒或二氧化碳洗井,可以加强洗井效果,此法又称为二氧化碳压酸洗井法。应注意,焦磷酸钠洗井时,应浸泡 4~8 h,之后才能再次使用其他洗井方法。

二、抽水、回灌试验

为了确定工作区水文地质条件、工程地质条件及含水层水文地质参数,评价浅层地热能资源量及开发利用潜力,评价开发利用浅层地热能的可行性及适宜性,在洗井质量达到要求之后,应进行抽水、回灌试验。

进行试验之前,应充分利用当地已有水文地质相关资料,指导任务方向,减轻任务量,节省试验时间。收集工作区若有水文地质、工程地质资料,查明含水层结构、埋藏条件,地下水补径排条件及动态变化特征,包气带岩土体特征等;查明工作区含水层的抽水及回灌能力,计算工作区含水层的抽灌比例,为浅层地热能利用的可行性及适宜性评价做好基础;查明工作区内浅层地热能(水温)及其梯度变化,查明浅层地热能来源,对浅层地热能的综合利用进行评价。

在进行抽水、回灌试验时,需依据下列规范及标准进行:

(1)《供水水文地质勘察规范》(GB 50027)。

(2)《地下水资源分类分级标准》(GB/T 15218)。

(3)《地下水质量标准》(GB/T 14848)。

(4)《水质分析方法标准》(GB 7466)。

(5)《浅层地热能勘查评价规范》(DZ/T 0225)。

(一)抽水试验

洗井结束后,应进行单井稳定流抽水试验,试验出水量不宜小于管井设计出水量,抽水试验应严格按照现行国家标准《管井技术规范》(GB 50296)进行,确定出水量及动水位的稳定延续时间应在 6~8 h。

1. 流量测量

流量测量器具可采用量桶、堰箱、流量计或水表等。当流量小于 2 L/s 时,可使用量桶;当流量大于 2 L/s 时,应用堰箱、流量计或水表等直接测量。高压自流水可用喷水管喷发高度测量法或水平喷出降落距离测量法测量流量。

使用量桶测量流量时,充满水所需的时间不少于 15 s,应精确到 0.1 s。流量堰箱的安装应符合下列规定:

(1)堰箱应安装稳固、周正、水平,并使堰口垂直,溢流水应以跌水形式流出堰口。

(2)堰口的最低点应高出溢水口跌落面 20 mm 以上。

(3)堰口旁应安设有毫米刻度标尺,抽水前应校正标尺零点,误差不应大于 1 mm。

采用孔板流量计测量流量时应符合下列规定:

(1)使用前应按精度要求检查孔板流量计。

(2)使用过一段时间后,应对孔板直径尺寸进行校核,出现磨损的应更换。

(3)测压时,应将测压胶管内的空气排除。

(4)冻寒季节使用时,应使测压管水柱不断溢流。

(5)孔板的测压水头宜为 0.15~1.8 m,测尺数值应精确到 1 mm。

(6)使用完毕后,应将孔板流量计清洗涂油。

采用流量计或水表测量流量时,应按仪表产品说明书要求进行安装与使用,测量读数应精确到 0.1 m³。

流量测量应符合以下规定:

(1)应在观测水位的同时观测流量。

(2)对于稳定流抽水试验,在涌水量无连续增大或减小的区间内,用空气压缩机抽水时各次流量的最大差值与平均流量值之比不应大于 5%,用水泵抽水时不应大于 3%。

2. 水位测量

水位测量器具可采用测绳(测钟)、浮标水位计、电测水位计、压力表(计)水头测量仪等。使用测绳(测钟)测量水位时,应先进行检查校正,误差不应大于 1‰;使用水位计测量水位时,应按要求进行安装使用。进行水位测量时应符合以下规定:

(1)应以一固定点为基点进行观测,中途不宜变动。抽水试验井的水位测量应精确到 1 cm;观测井的水位测量应精确到 1 mm。

(2)抽水试验前应先观测静水位,试验井与观测井水位应同时观测。

(3)稳定流抽水试验时,动水位观测宜在抽水开始后的 5 min、10 min、15 min、20 min、25 min、30 min 各测一次,以后每隔 30 min 或 60 min 测量一次。抽水试验时,水位的下降次数应根据试验目的确定,宜进行 3 次水位下降,其中最大下降值可接近井内的设计动水位,其余两次下降值宜分别为最大下降值的 1/3 和 2/3。各次下降,水泵吸水管口的安装深度应相同。

(4)非稳定流抽水试验时,水位观测宜在抽水开始第 1 min、2 min、3 min、4 min、6 min、8 min、10 min、15 min、20 min、25 min、30 min、40 min、50 min、60 min、80 min、100 min、120 min 进行,以后可每隔 30 min 观测一次。抽水试验应按试验目的、水文地质特征、水位下降与时间关系曲线确定。

稳定流抽水试验的水位稳定应符合下列规定：

(1)在抽水试验稳定延续时间内,取水井出水量和动水位与时间关系曲线应在一定范围内波动,水位不应有持续上升或下降的趋势。每次抽降延续时间应根据管井性质和含水层性质、试验目的、水质变化等确定。当水质和水量发生突然变化时,应延长稳定时间。

(2)动水位波动范围:抽水试验孔不宜大于平均水位降深的1%,当降深小于10 m时,用水泵抽水不应大于0.05 m,用空气压缩机抽水不应大于0.15 m。

(3)当有观测孔时,最远观测孔的水位波动值不宜大于0.03 m。

(4)稳定流抽水试验中,应排除自然水位和其他干扰因素的影响。

进行多孔、互阻或井群开采抽水试验时,应符合下列规定:

(1)抽水孔和各观测孔应同时测定水位。

(2)当一个抽水孔抽水时,应对另一个抽水孔的水位产生干扰,且干扰值应大于自然降幅。

(3)抽水孔的水位下降次数应根据试验目的确定。

(4)当抽水孔附近有地表水或地下水漏出时,应同步观测其水位、水质和水温。

抽水试验每次下降结束或中途停止时,应观测恢复水位,并应在停止抽水1 min、2 min、3 min、4 min、6 min、8 min、10 min、15 min、20 min、25 min、30 min进行观测。以后每隔30 min观测一次,直到连续3 h水位不变,或水位呈单向变化且连续4 h内每小时水位变化不大于0.01 m,或水位升降与自然水位变化一致。

3. 水温观测

水温测量器具可采用水温仪、热敏电阻测温仪、缓变温度计或带温度计的测钟等。采用自动测温仪测量水温时,测温仪探头位置应放在最低水位以下3 m处;采用手工法测量水温时,观测水温的温度计放入水中时间不应少于10 min,操作宜在井内进行,条件不许可时,也可在堰箱或量筒内测量水温。水温观测时间间隔应为2~4 h,精确到±0.1 ℃。

(二)回灌试验

回灌试验应稳定持续36 h以上,回灌量应大于设计回灌。进行回灌试验时,应符合以下原则:

(1)根据回灌水情况、回灌地层特征和技术经济等因素选择试验方法。当地下水水位埋深小于10 m时,回灌方法采用加压回灌,并观测压力变化;当水位埋深大于10 m时采用定降深法进行无压回灌。原则上按最大量进行回灌。

(2)回灌试验所用水源应与工程实际回灌的水源一致,且用水应清洁,不得污染地下水。

(3)试验之前应记录静水位,试验时连续测量动水位,试验完成后记录水位恢复至初始状态的时间。水位观测误差为±0.5 cm;出水量观测误差为±0.2 m³。若使用堰箱测量回灌水量,水面高度精确至毫米。试验结果最终换算为单位回灌量,单位为m³/d。

(4)回灌试验的要求应根据应用项目的用途和要求确定。地下水源热泵系统的回灌试验,应符合现行国家标准《地源热泵系统工程技术规范》(GB 50366)的规定。

(三)试验注意事项

(1)回灌井在回灌试验之前必须进行多次洗井工作,避免在回灌试验过程中发生堵塞而导致其回灌能力下降。

（2）抽水试验和回灌试验应分组进行，同一组抽水、回灌试验的探采结合井含水层结构应基本相同或相近。同一组试验取水井与回灌井比例为1:2或1:1。

（3）最终计算同一组试验中单位涌水量与单位回灌量的比值。

第六节　水样采集与送检

（1）抽水试验结束前，应根据水的用途或设计要求采集水样进行检验。

（2）采集水样的容器，应符合下列要求：

①应选用硬质玻璃瓶或聚乙烯瓶。

②必须洗净。采样时，应用采样水冲洗三次。

（3）水样应在抽水设备的出水管口处采集。采集量宜为2~3 L。特殊项目水样的采集量和采集方法应符合特殊项目的有关规定。

（4）卫生细菌检验用水的水样容器应进行灭菌处理，并应保证水样在采集、运送、保存过程中不受污染。

（5）水样采集后，应贴上标签置于阴凉处，并及时送交检验。需要加入保存剂的水样，应符合加入保存剂的有关规定。

第七节　维护与保养

一、运行维护管理

水源热泵系统验收完成之后应做好交付使用工作，移交完整的系统相关技术资料文件，相关使用单位应建立健全管理及操作手册，维护管理人员应经专业培训并经考核合格后才能上岗，可建立奖惩措施以调动节能整改的积极性。对于各项规章制度的执行情况应进行定期检查，所设规章制度应严格执行。

二、系统保养

水源热泵在工程验收完成、正式交付使用后可以投入运营，回灌井使用一段时间后，出水量逐渐减少，回灌逐渐困难，除对系统、设备、运行状况的常规运行维护外，针对水源热泵热源侧系统还要考虑保证出水量、回灌防堵、定期回扬、避免虹吸等方面进行维护和保养。

（一）增加出水量

随着水源热泵运行，取水井出水量逐年减少，若置之不理，可能引起热泵系统运行效率快速下降甚至报废情况。根据影响出水量原因选择合适处理方式，如对于过滤水管淤积引起的出水量减少，可以通过空压机震荡洗井，排除渣滓，疏通含水层以恢复出水；对于井壁结垢和腐蚀，可以通过刷洗井壁清除堵塞物质等。

（二）回灌防堵

井管腐蚀对回灌影响很大，其中以微细颗粒沉积和 $Fe^{2+} \rightarrow Fe^{3+}$ 作用造成滤网堵塞的影响尤为明显，是造成系统运行以后回灌量和回灌率大幅下降的主要因素。所以，在系统运行期和间歇期，需要对回灌井和输水管道定期进行洗井和维护，最少每周应对回灌井进行一次回扬,每年(或每个冷暖季)应清洗一次回灌井,特别是那些成井质量不高、含砂率高的项目,宜定期监测井深,避免井管内滤水管段被淤塞。回灌井需要加装回扬装置,做好回灌井的定期维护与保养。

此外,还可通过调换使用取水井和回灌井,减少回灌井沉淀淤积,但需确定水源热泵系统是否允许取水井与回灌井切换工作。

第四章 典型地质回灌工艺

第一节 砂砾卵石地层回灌工艺

砂砾卵石地层特征是孔隙度大、渗透率高、地下水径流强烈,补给和排泄条件较好。在地下水回灌过程中,空气不可避免地与地下水接触,致使地下水产生化学、生物变化,结垢并形成沉淀,导致管路、换热器和过滤管堵塞,这些反应若发生在含水层中,会对地下环境产生不利影响。对于砂砾卵石地层,应注意增加单井回灌量,保护地下水不被污染。

一、砂砾卵石地层回灌系统设计

在进行砂砾卵石地层钻进时,若未采取有效护壁措施,易出现垮井、塌井等不良现象,继而引发以下问题:

(1)钻井侧壁垮塌掩埋钻井,钻杆拔出后无法到达先前钻进深度,需重复钻进,磨损钻头,延误工期。

(2)钻进中侧壁垮塌还易发生卡钻现象。若卡钻位置较深,则操作不当又会引起钻杆扭断,钻具落入井内,严重影响工期,或只能弃井。

(一)井孔设计

砂砾卵石地层采用小孔径开孔、大孔径扩孔,使用一径到底的井身结构。以襄阳市为例,该地地下砂砾卵石地层埋深较浅,厚度大,下部为基岩,最深处达 50 m,过滤管埋深可视具体情况确定。砂砾卵石地层回灌井井身结构图见图 4-1。

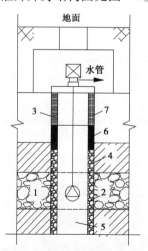

1—砂砾卵石含水层;2—过滤器(管);3—井壁管;4—回填砾石;
5—沉淀管;6—回填土;7—水泥砂浆

图 4-1 砂砾卵石地层回灌井井身结构图

泵室套管、过滤管、沉淀管均采用较大口径。为增大过滤器及其周围有效孔隙率,减小地下水流入过滤器的阻力,增大钻井出水量,防止涌砂,回灌井选用粒径为 1.5～5 mm、均质、磨圆度近似圆形、分选较好的优质石英砂作为填砾料。为隔离钻井时贯穿的透水层、封闭有害地层和非目的含水层,需进行止水作业,可选用黏土球和红土作为止水材料。

(二)井径与井间距

砂砾卵石地层采用大口径抽水回灌井井身结构,采用二次开井的钻探模式,小口径钻头开井,大口径钻头扩井,砂砾卵石地层的地下水垂直径流和水平径流较强,且砂砾卵石地层的粒径级配适合使用单层滤网,可减小抽水和回灌阻力,有助于实现完全回灌。此外,砂砾卵石地层钻井时,在满足其他条件的基础上,井间距可适当加大,但不应小于漏斗半径。

(三)回灌井空间布局

回灌井宜在地下水径流场的上下游方向设置,一般情况下,回灌井可设置在取水井的上游,上下形成水力坡度,回灌进入地下含水层的水能越流补给和渗透补给,不同层位和不同深度的含水层受空间布局的影响不一样,主要影响目的含水层涌水量。

(四)回灌方式

确定回灌方式时主要考虑回灌难易程度,采用的回灌方式应适合地层中含水层特性,最大限度地增加回灌量。砂砾卵石地下含水层径流速度大、含水量大,热源井的取水、回灌相对容易。

砂砾卵石地层含水层渗透性好,大口径回灌井可增加与含水层的接触面积、减小回灌阻力,提高地下水回灌能力,一般采用自流回灌可满足回灌要求。但应注意,在回灌过程中回灌水位与自然静水位应保持一定高差,这样可增加回灌水的自然压力,增加回灌量。

(五)抽灌比

根据砂砾卵石地层的单井回灌量确定抽灌比,襄阳地区砂砾卵石地层取水量一般为 80 m³/d 左右,而单井回灌量一般为 50～60 m³/d,为了能实现完全回灌,砂砾卵石地层一般选择一抽二灌的回灌比模式,根据实际取水量和回灌量不定期地做抽灌互换,疏通地层和过滤管,增加回灌量。

二、砂砾卵石地层回灌井及系统施工

(一)回灌井钻探设备配置

砂砾卵石地层钻进,常用方法是钢丝绳冲击钻探,可用于钻进致密性基岩效果较好的砂砾卵石地层,但对于黏土、淤泥、砂岩、变质岩和花岗岩等地层钻进速度慢,对于细砂和流沙层等地层钻进较困难。钢丝绳冲击钻探具有以下优点:钻探设备少、操作简单、搬迁方便、用水量小;在钻进含水层时,不易发生堵塞及污染含水层;不需附加供水设备和泥浆。缺点是在一般地层钻探效率较低,因此不常用于除卵砾石和漂石层外的其他地层。

冲击钻具由冲击钻头、冲击钻杆、钢丝绳、钢丝绳接头和抽筒组成。

为使冲击力能集中施加于地层中,冲击钻头具有带各种刃角的底部。为使钻头在运动中减小液体对其阻力、加大冲击力,冲击钻头设有带流通岩粉浆沟槽的钻头体,常见形式有一字形、十字形、圆形和抽筒钻头。

钻进时,若井径较小,无法采用大尺寸钻头,则为增加冲击力度,可使用较粗钻杆,保证钻具的重量。

钢丝绳接头用于连接钢丝绳和钻具,钻具在钢丝绳扭力作用下能在钻头冲击一次后自动回转一定角度,并进行下一次冲击。

抽筒主要是捞取井内的钻渣,还可以直接用于钻进砂质及黏土软地层。

冲击钻机包括动力机、主轴、冲击机构和榫杆。CZ-22型冲击钻机由工具卷筒、抽筒卷筒和辅助卷筒组成,且三者可以独立操作。榫杆的作用是提升钻具和抽筒。

（二）钻井工艺

钢丝绳冲击钻探借助于一定重量的钻头,在一定的高度内周期地冲击井底、破碎地层、获得进尺。每进行一次冲击之后,钻头在钢丝绳带动下,回转一定角度,可使钻孔形成规则的圆形断面。为悬浮钻渣、保护井壁,应不断向井内加水,破碎的钻渣和水混合形成粉浆,当粉浆达到一定浓度后,停止冲击,利用淘砂筒将稠浆导出,同时自井口补充等量的水。

砂砾卵石地层连接力差、卵石硬、表面光滑,易发生塌井、井斜和漏水,可采用大冲击高度、降低冲击次数、适当增加钻具重量,有助于砂砾卵石地层的钻进。

（三）成井工艺

首先用刮刀式钻头钻至设计深度,然后用终孔口径牙轮拼装扩孔钻头进行扩孔,扩孔中反复划孔不少于2遍,以保证井径规格。钻进中应严格控制钻压,均匀跟进以保证钻井垂直度,确保过滤管周围有厚度均匀的填砾层。

成井后确定取水目的层位置。对取水目的层采用筒状圆牙钻具进行井壁刮切,以保证透水层通畅。经泥浆调整后进行井管安装,过滤管上部及井底必须加焊支撑架用以导正,确保过滤管的居中性。

井管安装后需进行不少于24 h的充分换浆,泥浆稀释到接近纯水后开始填砾。填砾沿井孔四周均匀缓慢填入,确定填砾高度满足要求后,先进行一阶段洗井,洗井中丈量填砾高度,如有降落还须补填,然后用黏土球进行上部井孔封闭。

洗井可使用活塞法和负压法先后进行。活塞法洗井应分层、自上而下逐段清洗,至水清砂净为止,然后采用负压法强力抽洗。

施工中严格执行技术操作规程,严格控制井孔直径、垂直度、地层特性和井身结构等,保证其符合《供水管井设计、施工与验收规范》（CJJ 10）的要求,为取水、回灌的正常运行奠定良好的基础。

（四）技术参数

主要钻进技术参数包括钻具重量、冲击高度、悬距、冲击次数和岩粉密度。

1.钻具重量

钻具重量为单位钻头刃长上的钻具相对重量,具体大小根据地层确定。一般在软层中取200~300 N/cm,中硬层中取350~400 N/cm,硬层中取500~600 N/cm,在极硬层中取650~800 N/cm。

2.冲击高度

对于钻进,增加冲击高度比增加钻具重量更有利于破碎地层,在设备允许的条件下应尽量采用大的冲击高度,但也受到设备和钻具本身强度、高度的限制,可以通过改变钻机的曲柄与连杆连接的井位来实现,一般冲击钻机的可变范围在0.6~1.1 m。

3.悬距

所谓悬距,就是冲击梁处在上死点的位置时钻头距离井底的高度。留悬距的目的是解决钢丝绳在冲击过程中,由于钻具重量作用,使钢丝绳具有拉伸变长的现象。一般情况下,悬距大会造成空打,悬距小会造成钢丝绳摆动。控制悬距的方法是通过控制放绳量来实现的,一般为 3~4 cm。

4. 冲击次数

冲击次数即为单位时间内对地层的破碎作用次数,冲击次数越大其效率就越高。钢丝绳冲击钻进的冲击次数与钻具在井内的运动规律有关,必须与机构运动速度相匹配,不能随意增减,以免限制冲击次数的提升。

5. 岩粉密度

岩粉密度过大使钻具下降速度慢,但对悬浮岩屑有利;岩粉密度过小则使岩屑滞留在井底,形成厚层钻渣,不利于钻进。其最佳密度要随着地层比重增加而增加。在钻进过程中要控制好淘砂的时间间隔和每次淘砂的量。

三、砂砾卵石地层回灌系统维护保养

为保证砂砾卵石地层完全回灌,应合理设计抽灌比及取水井、回灌井的数量,保证回灌水的水质,并且在维护过程中进行定期回扬、清洗,防止水井堵塞。

砂砾卵石地层钻探、成井难度大,且成井质量要求更高,若出现井管堵塞或者破损,会造成井孔坍塌或大量出砂的严重后果,维修成本大、难度高,后期维护对这种地层的回灌井十分重要。

维护主要分为以下几方面:

(1)抽灌定期互换。

取水井和回灌井宜设计成抽灌两用,取水井需要定期反灌清洗管井内的沉砂和杂物,以防物理化学堵塞;回灌井也需要反洗地层,采取回扬措施进行回灌地层疏通。长时间的单向抽水或者回灌都会出现管井内泥沙淤积、滤网堵塞、地层堵塞等问题,影响出水和回灌,同一系统内可采用抽灌定期互换的方式来清洗取水井和回灌井。

(2)防止堵塞。

在回灌水中有大量的细小气泡,极易造成砂类土孔隙的堵塞。可采取少产气、多排气、易透气、减流速、巧回扬的防治措施,效果明显。热源井及管道的腐蚀对回灌的影响极大,其中以微细颗粒沉积(铁、锰、钙、镁物质)造成滤网堵塞的影响尤为明显,是造成系统运行以后回灌量和回灌率大幅下降的主要因素。首先要快速判别其是否超标,如果证实铁、锰超标,应在供回水管路及热源井设计中采取隔绝空气措施,减少氧化,缓解堵塞。

(3)回扬洗井。

在系统运行和间歇期,需要对热源井和输水管道进行定期洗井维护,对于堵塞严重的回灌井可每周进行一次回扬,每年(或每个冷暖季)应清洗一次回灌井,特别是那些成井质量不高、含砂率高的项目,宜定期监测井深,避免井管内滤管段被淤塞。热源井洗井宜采用物理和化学洗井方法同时进行,化学洗井所用材料应不污染地下水。在过渡季节,可将取水井和回灌井进行调换使用,以减少热源井淤积,同时也更加节能。

四、砂砾卵石地层关键工艺技术

（一）滤水器

砂砾卵石地层粒径级配良好，层间孔隙度小，宜采用填砾过滤器，过滤器长度应按设计动水位以下计算。

（二）回填滤料

砂砾卵石地层所用回填滤料粒径要均一，井管四周均匀连续填入，还应随填随测。回填滤料顶部要高于过滤管上端 3~5 m，底部要深于过滤管下端 2~3 m，上下位置都要止水封闭。

（三）洗井

回灌量主要受地层性质影响，洗井可以疏通地层中疏水通道，改善地层特性，增加回灌量。砂砾卵石地层回灌井洗井应在井管安装填砾后立即进行，并应从上向下逐步清洗。

五、砂砾卵石地层回灌工艺小结

砂砾卵石地层属于难成井地层，易坍塌、卡钻，钻进难度大，宜采用冲击钻进，在钻进遇到复杂易坍塌地层时采用跟管钻进，解决钻进难问题；在砂砾卵石地层钻进时钻具磨损较大、损坏率高，所以应采用专用卵石金刚石钻头；成井后需要对地层反复冲洗，彻底清洗管井、地层和滤水层，疏通回灌系统；回灌时利用井内水位高于地下水位的压力差，使水通过井壁进入含水层，该种自流回灌方式主要适用于良好渗透性能的砂砾卵石地层，经济节能且效果明显。

回灌量的大小与成井质量、地层特性和回灌方式直接相关，砂砾卵石地层成井难，但回灌较容易，大孔隙度和高渗透率能最大限度地增加回灌量，实现完全回灌。

第二节　中粗砂地层回灌工艺

中粗砂地层含水层特征是厚度较大、颗粒粒径大、渗透率大，有隔水顶底板，地下径流强烈及补给、排泄条件良好。良好的地层条件有利于回灌，但回灌地下水致使地层热贯通、地层颗粒级配不均致使地层堵塞时有发生，应充分利用现有的地质条件和成井工艺技术，改善回灌系统结构，解决地层和管道的堵塞问题，实现中粗砂典型地层完全回灌。

一、中粗砂地层回灌系统设计

回灌系统的设计主要包括目的含水层的选择、井身结构、回灌井空间布局、回灌方式、管道铺设和配套设备等。

在明确工程当地水文地质条件的前提下，探明地层结构及各地层特征，综合前期勘察所得结果、经济成本以及施工难度来合理选择目的含水层。以武汉市为例，部分地区的含水层厚度、地质构造、出水量和回灌量因埋深不同出现明显差异，但总体上中粗砂层在整个地层中的分布较均匀。设计回灌系统前，应勘察确定目的含水层的埋深、厚度、孔隙度、渗透率、补给及排泄方式等。

武汉市中粗砂层厚度一般为 4.0~44.85 m，顶板埋深 10~42.86 m，水位埋深 0.5~9.0

m。地下水可开采模数一般为 $20 \times 10^4 \sim 50 \times 10^4$ m³/（年·km²）。

（一）井孔设计（井身结构、滤料、套管、滤网）

中粗砂地层由于均匀排布于 I 级阶地，埋藏较浅，所以该层回灌为浅层地下水回灌，设计深度只需穿透中粗砂层顶板，一般在 25 m 左右，武汉地区中粗砂地层的完井深度一般在 30 ~ 60 m。

井管上部套管采用球墨铸铁材质的水井专用管，采用螺纹连接方式。井口套管与井壁间采用水泥砂浆固井，其下用回填土填至过滤管上部并填实。井底采用冲洗干净的中粗砂滤料回填并填实。目的回灌层井段采用双层过滤管、外加砂工艺，内网缠丝间距 1 mm，外网缠丝间距 1.5 mm，这种"外大内小"缠丝间距匹配方案应用在回灌井中，可有效减小回灌阻力，提升回灌效果。双层缠丝中间充填粒径为 4 ~ 6 mm 的石英砂砾料。井底为长 10 m 的沉淀管，下部封堵止水，井身结构见图 4-2。

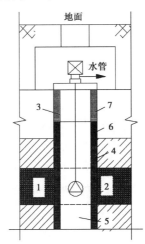

1—中粗砂层含水层；2—过滤器（管）；3—井壁管；4—中粗砂回填；
5—沉淀管；6—回填土；7—水泥砂浆

图 4-2 中粗砂地层回灌井井身结构图

（二）井径

中粗砂地层钻井采用"一径到底"的开孔模式，钻井井壁直径为 600 mm，套管直径采用 425 mm，壁厚大于 8 mm，单节套管长度为 6 m，使用螺纹连接。双层过滤管外径为 485 mm，内径为 425 mm。采用黏土球封堵止水。

（三）井位布置

井位布置主要是针对既有取水井又有回灌井的供回模式，水井间的相互干扰主要是取水井之间的水位降深叠加干扰和回灌井回水温差对取水井的影响。若采用地表或其他水源回灌，回灌井的布置依据实际情况布设，无特殊要求。

回灌井对地下水有相应的影响半径，主要是地下水水位和温度，其中对地下水水位的影响是比较大的，宜采用的解决方式：尽量放大井间距、降低井间的相互干扰，或在有限的空间增加布设的井数。武汉地区抽灌井的影响半径一般为 20 ~ 40 m，因此回灌井间距在条件允许时应尽量大于 80 m。

控制井间距还可预防温度场叠加，扰乱地下温度场，使地下水环境恶化，出现物理、化学和生物破坏。抽灌井应距建筑 10 m 远,回灌井水水位抬高 8 m 以内,地下水水位埋深在 28 m 以下,抽水、回灌均不会对建筑物基础造成影响。

目前在中粗砂地层回灌井空间布局上有以下几种方式:①地下径流场无序时,采用中间取水、周边回灌的排布方式布设,见图 4-3;②当地下水有明显的上下游趋势时,抽灌井按地下水径流方向排布,可将取水井设在下游,回灌井设在上游,见图 4-4。中粗砂地层结构较均匀,冲击平原(例如武汉市)的地下水径流场在该层内呈辐射状,回灌井与取水井间水力联系大,且不固定,回灌井与回灌井间水力联系也较大,所以抽灌井空间排布也要相应地改善,合理的空间布局是增加回灌量的方式之一。

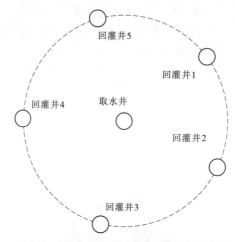

图 4-3　紊流地下水流场抽灌井布设示意图

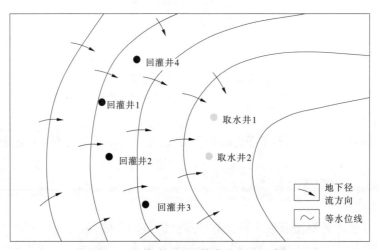

图 4-4　规律地下流场抽灌井布设示意图

(四)回灌方式

在众多回灌方式中,自流微压回灌被广泛应用,但回灌量并不能满足回灌要求,且回灌难度大、周期短。中粗砂地层良好的水文地质环境为回灌提供了很好的条件,但也同样面临着回灌困难、回灌量小的问题,可以考虑使用加压回灌,能有效增加回灌量,延长回灌井的寿命,如图 4-5 所示。

热源系统使用前期可采用无压回灌,当潜水水位无法满足回灌要求时,或回灌量难以增

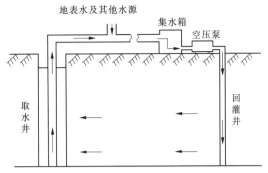

图 4-5　压力回灌井运行示意图

加时可适当加压回灌,注意回灌压力不能过大,否则会影响回灌井周边地层结构。回灌压力应从小到大,实时关注回灌压力并进行数值控制,当监测报告水位过高时,需减小注水压力。

(五)抽灌比

抽灌比的设计是实现完全回灌的有效途径,采用一抽多灌的模式能减少单井回灌负荷,同时增加整个系统的回灌量,但是也增加了建设成本,过多的回灌井也浪费资源。因此,抽灌比的合理设计能在节约成本的同时达到完全回灌的目的,抽灌比的设计需要根据地层特性、取水井的单井产量和回灌井的单井回灌量来进行。

中粗砂地层抽灌比设计以武汉为例,武汉市单井取水井的出水量一般在 $20 \sim 140 \ m^3/h$,回灌单井的回灌量在 $6 \sim 50 \ m^3/h$,个别井可达 $85 \ m^3/h$,武汉市中粗砂层地下水回灌的方式主要为重力(自流)回灌或微压回灌。运行初期地下水回灌率一般可以达到100%,后续运行时回灌量呈逐步降低趋势,最低仅为设计值的15%左右。

采取加压回灌后,能在原来回灌水平的基础上提高30%,根据单井取水量和回灌量的数值,采用1:2的抽灌比,既节约了成本又实现了完全回灌。

(六)回灌系统管道设计与加装设备设计

由取水井和回灌井组成的回灌系统需要通过输水管网来实现,其对回灌的影响主要体现在两点:一是由于实际安装过程中管径、走向、长度、弯头等可能不同于设计和理论数值,导致管道水阻力加大,水力难以达到平衡,结果实际回灌量不满足设计要求;二是管道上和井口排气孔,排气装置安装不到位或使用失灵,地下水回灌时在管道中和井内形成气塞,增大了气阻,降低了回灌压力,同时管道充斥的气体减小了管道内的过水断面,加剧了各管道环路的水力不平衡。管道内水流量减少,也是导致回灌量降低的因素。

在回灌过程中,回灌井上应安装水表、止水阀、回水阀、压力表,如图4-6所示。

回灌井上安装压力表及流量表,回灌水量与压力要由小到大,逐步调节到适宜压力;回灌井口要求密封,确保回灌时不漏水,同时回灌压力不宜过大,当回灌流量增加不明显时,回灌压力最好不要增加,否则回灌井周围易产生突涌,破坏回灌井结构。

二、中粗砂地层回灌井及系统施工

回灌井成井施工与供水井施工一样,也分为钻井阶段和成井阶段,其施工特点与水井施工相似,钻探具有以下特点:

(1)钻井直径大。一般直径在 $150 \sim 800 \ mm$,由于口径大,钻进过程中产生的岩屑多,

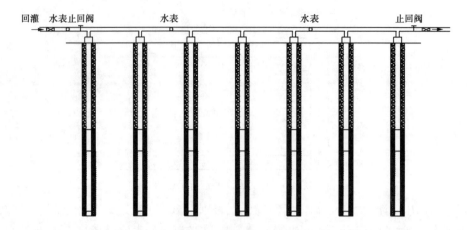

图 4-6　回灌系统示意图

当采用正循环钻进方法时,需要大排量的冲洗液设备将岩屑排至地表。

(2)钻井深度小。一般在数十米至数百米之间,一般钻探均用中小型钻机。

(3)钻井垂直度有一定要求。因钻井需要安装水泵和过滤器,所以要求钻井在 100 m 以内偏斜≤1°,1 000 m 以内偏斜≤5°。

(4)属大口径钻进,且是在松散的卵砾石层、砂砾石层以及砂土、黏性土等地层中钻进。这些地层胶结性差,易坍塌,冲洗液易漏失。在较浅钻井中常遇到 n 种地层,这就要求所用钻进工艺和钻具对不同地层有一定的适应性。

(5)钻井工期短,流动性大,搬迁频繁,要求钻进工艺所用钻探设备不能过于笨重。

回灌井钻井的上述特点,决定了钻进工艺和设备的要求,即要求达到快速钻进的目的,所选择的钻进工艺必须是设备轻便,易于搬迁,有足够的岩屑排除能力,钻进效率高,能控制钻井偏斜,保证钻井质量;所使用的钻具要求成本低,寿命长,易于加工。

(一)回灌井钻进设备配置

由于该地区地层主要为中粗砂地层,粒径较大且厚度大,可选用冲击钻进方法以保证工程进度。同时冲击钻进在施工中通过钻头的冲击和抽吸作用对钻井周围的孔隙通道进行疏通,有利于提高单井出水量。

冲击钻进采用钻头直径为 800 mm 的冲击钻机(如 ykc30 型冲击钻机),钻头重量为 25 ~ 30 kN,冲程为 1.0 m。在一般土层中可采用清水加黄土钻进,在砂卵石层中宜用优质膨润土泥浆钻进,具体工艺参数可根据地层适当调整。

(二)钻井工艺(钻进方法、钻井液、井斜、进尺)

(1)成井。采用钻头直径为 800 mm 的冲击钻进成井,使用膨润土造浆堵漏护壁,泥浆比重为 1.1 ~ 1.2,漏斗黏度为 18 s 以上。

(2)取样。在钻进中每 2 m 取土样一个,并详细记录岩层的位置、颗粒、钻进速度等数据,变层位置应加密取样。

(3)井斜。因回灌井井内有套管、水泵和过滤管,应严格要求回灌井井斜,可在钻井过程中监控井斜参数,100 m 以内井深倾斜度应小于 1°,500 m 以内井深倾斜度应小于 5°。

(4)进尺。中粗砂层成井较容易,采用冲击钻进能大大地提高钻进速度,达到快速精确成井的目的。井深达到目的深度后,需要对井深做一次精确测量,验证是否按设计要求完井。

(三)成井工艺

(1)测井。

采用电测方法结合钻井记录和取样,分析各层段的含水性。

(2)排管。

根据钻进中地层的情况和测井结果,确定目的含水层的位置,按具体的要求控制过滤管和井壁管的具体尺寸和特性。

(3)换浆。

钻井达到设计井深后进行井管安装,井管安装前必须对井孔进行清渣至井底,为保证出水量,可使用低密度、高黏度的泥浆置换井内泥浆,降低泥浆浓度,但不能使用清水。

(4)井管安装。

使用钻机自带动力将铸铁管依次下入钻井中,过滤管、井壁管按照地层实际情况进行准确排列。

(5)滤网。

井管安装过程中,在花管外壁缠上优质滤网,要求缠丝两端30 cm以外都包有滤网,滤网的搭接头不小于20 cm。滤网外包两层棕皮,棕皮搭接严密,绑扎结实。棕皮外使用50目铁纱保护,防止井管安装过程中划破滤网、棕皮。

(6)填料。

井管外壁与井壁之间填入混合砾料至设计高度。砾料应从管的周围均匀填入,防止填砾不实和架空,影响井壁安全。

(7)固井。

回灌井采用二级固井,第一级固井是在过滤管的上部20 m左右的位置,采用水泥浆固井,还可以起止水作用;第二级固井是井口往下10 m范围内同样采用水泥浆固井,固定井口。

(8)洗井。

首先使用活塞洗井:使用橡胶活塞上下提拉4~8 h,自下而上进行分段洗井。为破坏泥皮、保证出水量,选用的活塞应大于井管内径3~5 cm。然后采用空压机洗井:选用大风量空压机冲洗,将井底沉砂吹出井外的同时,还可利用出水的间歇性冲击,打开地下水通道,洗井直至井底。最后进行潜水泵抽水洗井:下入大泵量专用潜水泵,第一次潜水泵位置安装于水面以下50~60 m,并开始抽水直至水清砂净。洗井时应注意测量井深。

(9)抽水试验。

依据规范对水井进行降深和水量的抽水试验。

(10)回灌试验。

对水井进行无压定量回灌试验,回灌量必须由小到大,最后定量回灌。试验要连续3 d,且回灌稳定延续时间不小于36 h,记录回灌井自然水位和动水位。得出单井回灌量和沉砂量,确定使用保养维护周期和多井回灌的抽灌比。

三、中粗砂地层回灌系统维护保养

地下水在热源井系统中循环一周,进入回灌井中时水中挟带的大量细小气泡,易造成砂类土回灌层孔隙堵塞,可采取少产气、多排气、易透气、减流速、巧回扬的相对防治措施,能取得明显效果;对于物理作用、化学作用、生物作用形成的淤积和堵塞,对回灌影响极大,如热源井及管道的腐蚀、Fe^{2+}被氧化形成的沉淀物质,这些是造成系统运行一段时间以后回灌量和回灌率大幅下降的主要因素。为缓解堵塞,可首先判定铁、锰等含量是否超标,若证实超标,要在热源井系统中采取隔绝空气的措施,减少水中溶解氧,减缓回灌堵塞速度。在系统运行期和间歇期,需要对热源井和输水管道进行定期洗井维护,应对回灌井每周进行一次回扬,每年(或每个冷暖季)应清洗一次回灌井,特别是那些成井质量不高、含砂率高的项目,宜定期监测井深,避免井管内滤管段被淤塞。热源井洗井方法与砂砾卵石地层基本相同。

四、中粗砂地层回灌系统关键工艺技术

(一)井径和井间距

武汉市中粗砂地层大多采用800 mm井径开井,属于大孔径,大孔径开孔需注意控制井斜,便于安装井管和水泵。井间距需要控制在抽灌井影响半径之外的地区,有效避免"热贯通"现象和地下水紊流,保证回灌量。

(二)泥浆

大井径回灌井泥浆配比会影响钻进周期、成井质量、洗井难易程度和回灌量,需要使用膨润土造浆堵漏护壁,泥浆比重控制在1.1~1.2,漏斗黏度在18 s以上。选择能效高的泥浆泵,根据地层特性实时调节泥浆配比,从根本上解决回灌井堵塞和回灌困难问题。

(三)压力回灌方式

中粗砂典型地层宜采用压力回灌方式。回灌时,首先排除管路和泵管内空气。定期回扬冲洗,排除滤网附近的杂质,回扬后要放气。回扬后,因井下含水层杂质被排除,滤层畅通。此时回灌量和压力要由小到大逐步调节。压力泵输水管可同时与多口回灌井联通,以调节井堵时的压力。

五、中粗砂地层回灌工艺小结

中粗砂地层采用冲击钻进,进度快且成井质量高。回灌方式选用压力回灌,在回灌系统加装加压设备,增加回灌水压力,增大单井回灌量。中粗砂地层属于易钻进地层,成井容易,但孔隙度和渗透率较小,回灌能力小,一方面是采取高强度洗井和回扬来疏通地层,改善滤水管性能,最大程度地增加回灌量;另一方面是改变抽灌比,增加回灌井数量,从而增加总的回灌量,实现完全回灌。

第三节　细砂地层回灌工艺

细砂地层一般单层厚度大,多为水平状分布,埋藏浅,含水量大,地层结构一般是沙泥互层,多为洪冲积堆积,地下径流强烈,但流速慢,水质易被污染。细砂地层在我国分布广泛,主要在长江、黄河和珠江等几大流域的中下游河流阶地,比如上海、南京、广州等地,其地下广泛分布着细砂、粉细砂地层。下面以南京市为例,分析细砂地层回灌工艺技术。

细砂地层地下回灌难度大、效果差,目前的回灌技术很难将地下水完全回灌到含水层内,造成水资源大量流失。即使全部回灌,也很难保证地下水不受污染。

一、细砂地层回灌系统设计

细砂地层回灌系统设计主要考虑钻井护壁、井斜、颗粒堵塞和回灌方式等。取水井、回

灌井根据不同的地质条件合理设计工艺,鉴于细砂地层特性,细砂地层回灌工艺主要需要解决两个问题:涌砂和出水量逐年减少。

(一)井孔设计(井身结构、滤料、套管、滤网)

为了控制涌砂情况,需要选择合适的过滤器、砾料,适当降低地下水入管流速(控制在 30 mm/s 以下)。南京市实地工程证实,缠丝包网和普通的单层填砾过滤器并不能解决粉细砂地层的涌砂问题,可采用以桥式过滤器为骨架的双层填砾成井工艺,控制水井涌砂。

南京市地下细砂层分布不均、沙泥互层,细砂地层主要分布在 25 ~ 42 m 范围内,下伏粉砂岩基岩,回灌井目的回灌层宜选择该层位。井结构与普通管井相同,主要有井口装置、井壁管(包括泵室段)、双滤器(过滤管)、沉淀管、水位观测管等。井壁管是管井的骨架,它连接着管井的各个要素。井壁管应满足连接强度要求、下泵要求、最大安全进水速度要求、抗腐蚀性要求。井壁管选用螺旋钢管焊接连接,与双滤器骨架管材质相同。

沉淀管作用与普通水井相同,沉淀前期洗井时及后期抽水时的砂粒,为避免长期使用状态下砂满埋没过滤器而使之失效,应适当提高洗井频率。根据《管井技术规范》(GB 50296)相关要求,普通水井要求沉淀管长度一般为 2 ~ 10 m。取水井含砂率小于 1/20 万,为防止洗井时极细颗粒沉淀,抽灌井沉淀管长度宜控制在 5 m 左右。沉淀管须封底,坐于完整黏性土层上。

设置水位观测管能够及时观测水位,便于检测回灌情况,指导长期回灌。条件具备时,可在井底安装压力计进行自动监测,不需另外设置观测管。细砂地层分层抽灌井井身结构见图4-7。

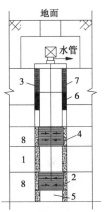

1—隔水层;2—双滤管;3—井壁管;4—回填滤料;5—沉淀管;
6—回填土;7—水泥砂浆;8—细砂地层

图 4-7 细砂地层分层抽灌井井身结构图

(二)井径与井距

细砂地层常用井径为 300 ~ 800 mm,井径过大会因涌砂发生井孔坍塌的危险,井径过小不利于井管安装和单井出水量。抽灌井一径到底,可形成较厚滤料层,增大渗水面积,有利于回灌。

与中粗砂地层相比,细砂地层中抽灌井间的相互影响较小,主要是地层微小粒径的细砂颗粒会随着地下径流向下游运移和地下水水位的影响,南京地区的细砂地层抽水回灌井间距常控制在 50 m。

（三）回灌方式

为了增大回灌的纵向面积,可选择分层回灌,在不同深度布设双滤管,采用单井多层回灌模式增加回灌量,且热源井应设计为抽灌两用,抽水主要作为回扬和反洗用,不单独作为取水井使用。可选用真空自流回灌法进行回灌,井口应严格密封,防止外界空气进入而引起的水质氧化、产生沉淀,继而发生堵塞。

（四）抽灌比

在水源热泵系统应用中,为避免过滤管和周边细砂地层堵塞,热源井的抽水和回灌过程均需要合理控制流速。对于南京地区的一般细砂地层,单井出水量可控制在 80 m³/h 左右,单井回灌量可控制在 30 ~ 50 m³/h。根据南京市实际工程显示,冬季运行工况下,热源井可采用1:2或2:3的抽灌比;夏季运行工况下,热源井可采用1:1或1:2的抽灌比。

鉴于细砂地层良好的渗透率和地下径流,推荐设计抽灌比为1:2 ~ 1:1,并合理设计回灌系统,在节约能源和经济合理的前提下实现完全回灌。

（五）回灌井空间布局

考虑到地下径流场的特点,回灌井在空间布局上设置为1:2的抽灌比模式,细砂地层一般呈水平分布,且分布比较均匀,地下径流场会因为抽灌井的布局而发生改变,采用中间取水井、四周均布回灌井的模式布设抽灌井,合理控制抽水量和回灌量,可在管井及周边影响范围内保证与原地层相似的水位和含水量的平衡。

（六）其他注意事项

井口需设置为严格的密闭环境,以保证系统真空回灌效果和回灌井使用寿命;选择目的回灌层时,需考虑层厚和隔水顶板及隔水底板的渗透率,钻进过程中做到细砂层全段取芯,科学确定目的回灌层及过滤管的长度和埋深。

二、细砂地层回灌井及系统施工

对于松散细砂地层,主要成井技术包含井管及滤管、缠丝类型、滤网滤料选择、填料规格要求、管井成井验收标准等方面。目前并没有针对成井工艺及成井质量的相关标准,仍需各施工单位摸索掌握,实际工程中,成井在投入使用中常出现大量涌砂,甚至塌井报废,或井的出水量相较于试验出水量严重偏小。以上情况多为成井工艺不恰当所致。主要原因有:选择填砾滤料时过分强调单一比例级粒,即滤料填投不当;在成井时清除钻井泥浆的方法不当,不能有效清除泥浆。

（一）回灌井钻探设备配置

细砂地层钻井时,应选择合适的钻机,保证钻井进度,减少事故发生。

（二）钻井工艺（钻进方法、钻井液、井斜、进尺）

（1）钻井前放线、定位。

钻井前应根据实际勘察结果进行放线定位,确定回灌井准确位置。可在回灌井位置上涂红油漆作为标记,确保钻井位置准确。

（2）埋设护筒。

埋设护筒要求与井位垂直并同心,开挖埋设护筒要用黏土分层回填夯实。

（3）泥浆池。

泥浆:钻机施工时挖设 2 个泥浆池,作为循环池和沉淀池,以提高泥浆护壁性能,保护井壁稳定。

（4）钻机入位。

当钻机就位后，先将点位自然地面上的混凝土硬化地面破除，把加工好的护口管底口插入原状土层中，管外应用黏性土或草辫子封严，防止施工时管外返浆，护口管上部应高出地面 0.1~0.3 m。

（5）钻井成井。

回灌井采用正循环回转钻机进行泥浆护壁，安装井壁管、过滤管，围填填砾、黏性土、止水等工艺。

钻井是回灌井施工中重要的工序，开钻前须确定转向无误，并用水平尺测量钻机机座的水平度，测量钻机立轴的垂直度，以保证成孔垂直度。采用常规的正循环钻进方法，实施人员应密切注意钻机及附属设备运行情况，时刻注意地层地质变化，并做好记录。

钻进时应一径到底，开孔时应吊紧大钩钢丝绳，轻压慢转，以保证开孔钻进的垂直度，钻孔孔斜不超过 1%，成井施工采用井内自然造浆。如果在钻井过程中遇到地下障碍物无法继续钻进，应对该井位做适当调整后，重新钻井。

（6）清孔换浆。

下井管前的清孔换浆工作是保证成井质量的关键工序。为避免成井在进入含水层部位时形成过厚泥皮，当钻机钻至含水层顶板位置时即开始加清水调浆。钻进至设计标高后继续向下钻进 0.5 m 以上，在提钻前将钻杆提至离井底 0.5 m，进行换浆清孔，必须用大泵量冲洗泥浆，要求泥浆比重≤1.05。

（7）安装井管。

换浆清孔后，要立即进行井管安装，过滤管采用 60~80 目尼龙网双层包扎，并用铁丝绑扎，绑扎间距为 250 mm。在下入井管前，要求检查滤网是否完整，如有破坏，必须更换滤网，再包装后方可进入井孔内。井管底使用 6 mm 钢板封底，井管间连接方式采用电焊焊接，焊接应符合相关规范要求，确保焊接严密无缝隙，防止渗土渗砂。井管安装时要求使用井管扶正器，保证井管居中。

（8）回填滤料及封口。

回填滤料应分层，回灌井回填深度一般为 15 m。为了保证瓜子片注浆不影响管井质量，在滤料与瓜子片之间使用黏土进行隔离，并确保黏土投送位置准确，用量充足，黏土回填封井深度应不小于 2 m。瓜子片回填滤料，为瓜子石与水泥以 3:1 的比例拌制均匀形成的，按井管构造图进行回填后可起密封作用。井口以下 2 m 采用黏土封闭并压实，进行井口封闭。

（9）洗井。

以上工序完成后应立即进行洗井，细砂地层的热源井洗井采用机械法洗井，不得采用抽水法。机械法洗井，使用活塞上下拉动的同时配送清水洗井，直至洗出清水。

（三）回灌系统及运行

1. 回灌系统

回灌井管路上应安装水表、止水阀、回水阀和压力表等。

细砂地层回灌可采用微压真空自流回灌方式，并实时观测取水井和回灌井的水位情况，确定微压真空自流回灌方式是否适用。

2. 回灌系统运行

回灌井上应安装压力表及流量表,回灌水量及回灌加压压力要由小到大,逐步调节,直至达到适宜压力(回灌压力根据试验确定,初步选择 3～4 MPa 进行试验)。回灌井口要求严格密封,确保回灌时不渗水、不漏水,同时回灌压力不宜过大,当回灌量增加缓慢时,可停止增加回灌压力,避免回灌井内压力过大导致周围发生突涌而破坏回灌井结构。

(四)技术参数控制

钻压:根据地层和井径适当控制,一般可控制在 10～15 kN。

转速:70～120 r/min。

水量:500～800 L/min,视井壁稳定情况予以适当调整。

钻井泥浆:现场配备足够的黏土、黏土粉、纯碱、CMC、重晶石、腐殖酸钾等处理剂。黏度控制在 25～30 s,松散层可维持在 35 s 左右;密度为 1.15～1.30 kg/L;失水量不大于15 mL/30 min。泥浆循环系统按规程要求开挖,同时加强泥浆管理。

三、细砂地层回灌系统维护保养

细砂地层热源井完成成井工艺后,应进行热源井的抽灌试验,试验持续时间应视试验数据的可靠性及稳定性确定,一般不小于 15 d。细砂地层回灌井运行一段时间后应进行回扬,所用回扬水应水清砂净,且需根据工程当地地下情况及回灌试验确定回扬频率及各井的回扬持续时间。此外,应注意以下情况:

(1)真空自流回灌法操作简便,可用于长期回灌,但需注意严格密封井口,保持井内真空状态;微压回灌有利于保护含水层,可避免由于回灌时对地层压力差较大而破坏含水层的原始结构,影响管井回灌效果。

(2)相同深度的热源井可互为抽灌井,每组抽灌井在运行一个采暖或制冷周期后,可将抽灌井转换进行下一周期的抽水回灌工作。这种热源井抽水回灌的转换可转换地层储能,平衡地下温度场,且可减小对取水、回灌目的层的水质影响。

(3)回灌系统正式运行前应检查各井水泵、管线、仪表、阀门等设备及所有仪器,确保其正常运转。

(4)细砂地层回灌系统运行前期,必须进行回扬,持续保持回灌水水清砂净。

(5)热源井系统停止运行期间,回灌井宜 10～15 d 进行一次回扬,保证水流畅通,防止长期稳定状态下滤网被堵,回扬标准仍以水清砂净为宜。

(6)对水温、水位、水质进行定期监测,及时掌握回扬水情况。

(7)建立并完善操作规程,操作人员需掌握各井运行情况,遇到突发事件时可合理调整作业,确保严格按照操作规程执行,不打折、不失误。

四、细砂地层回灌井钻井关键工艺技术

(一)钻头选择

钻头宜采用组合牙轮钻头,减小回转扭矩,加快钻进速度。扩孔钻头连接导向装置,使扩孔钻具回转平稳,减小扩孔阻力,防止出现螺旋形孔壁。保证钻头不小于 5 T 的钻压,采用减压钻进,确保钻孔垂直度。各级钻头直径级配主要根据钻机能力确定,普通转盘型钻机一般以四级成孔,每级钻头直径选择以切削相同地层面积为宜,可使用 φ325 mm 一级开孔,

$\phi460$ mm 二级扩孔,$\phi580$ mm 三级扩孔,$\phi650$ mm 四级成孔。这种扩孔工艺能有效降低钻具扭矩,加快钻速,减小泥浆对含水层(地层)的破坏。

(二)泥浆控制

根据细砂层特点,须控制钻进施工时使用的泥浆固相含量。可以使用振动筛除屑、泥浆池沉淀相结合,并做好及时排浆工作。钻进速度的快慢主要取决于稠浆的清除工作,稠浆清除速度快,进尺必然加快。长期在稠泥浆循环施工中,孔壁泥皮增厚,造成洗井困难。

(三)洗井工艺

钻进过程中使用的泥浆会在井壁上形成泥皮,虽采取一定措施进行破坏,泥皮仍会残留;同时在含水层的一定范围内由于泥浆渗透,使黏粒充填于砂颗粒之间;抽灌井的厚层砾料在泥浆中浸泡,特别是孔底的稠泥浆,形成了泥包砾料的现象。因此,在井管安装填砾后,必须立即进行洗井工作。通过洗井,水在过滤管与含水层之间产生反复流动,从而清除泥浆,疏通过滤管周围的砂层,使其恢复原孔隙率;洗去含水层中的极细砂,破坏含水层内由于贝壳、云母等细片状物质定向排列形成的阻水结构,提高含水层的渗透率,以利于回灌。

五、细砂地层回灌工艺小结

细砂地层作为回灌目的层已经广泛应用于实际生产中,又由于细砂地层在我国各大流域广泛分布,且细砂地层良好的水文地质及便利条件,细砂地层回灌工艺得到改进和提升,回灌工艺主要包含钻井和成井工艺、地上回灌管道和装置、回灌方法等,而目前亟须解决的问题是细砂地层成井难、易坍塌涌砂、回灌量衰减、回灌系统堵塞等问题。我国相关研究学者及应用技术人员充分利用现有技术手段,总结前人的丰富经验,查阅相关科技文献和工程案例,利用提出问题、研究问题、解决问题的方式方法对细砂地层的优势和不利归纳总结,提出一套细砂地层完全回灌的工艺方法,可用于指导细砂地层的回灌系统的设计、施工和应用。

第四节 岩溶地层回灌工艺

岩溶地层的水质较好,抽取后稍作处理即可直接饮用,因此北方许多城市利用岩溶裂隙地下水作为生活供水水源。但随着用水量的增加,目前的浅层岩溶裂隙地下水已经不能大量开采,尤其只抽不灌的错误利用方式,使得城市岩溶地下水缺失严重,出现了地面沉陷和"天坑",造成严重的地下水生态危害。济南市岩溶地下水为北方岩溶地下水开采的典型代表。

岩溶地区地下水丰富,且地下径流强度大,但我国中南部主要岩溶集中地区的地下水开采一般较少,只是随着工农业和城镇用水量的急剧增加,含水量丰富的岩溶地下水被视为新的开采目标,目前仍处于初期阶段(相较于北部大量开采地区),但鉴于北部地区对岩溶水只抽不灌而带来的一系列不良影响,南部城市在利用岩溶地下水时必须进行回灌,确保地下含水层不被破坏。

自 20 世纪 90 年代以来,我国城市雨水回灌技术得到了很好的利用和提升,但仍属于初期阶段。上海市利用自来水回灌岩溶含水层储能成功实施多年,且未造成水质变坏。

一、岩溶地层回灌系统设计

(一)井孔设计(井身结构、滤网及套管)

在岩溶地层中,地下水通常先沿主裂隙或岩溶管道窜流,再由强径流带向周围岩块渗流,岩溶地层裂隙和岩溶管道的尺寸及长度直接决定了回灌量大小和回灌难易程度。首先应研究目的含水层地层的特性,主要包括地层岩性、溶蚀的难易程度、层内裂隙和溶洞的尺寸、位置、走向等。

根据已有岩溶地层特性资料,首先确定回灌井井位,通常在裂隙发达、地下无溶洞区域设置回灌井。回灌井应设在该岩溶地层裂隙带的上游位置,具有一定的水头压力,有利于回灌。

由于岩溶地层多变、岩性复杂,回灌井容易发生缩径、坍塌和漏失等状况,成井难度大。因此,岩溶地层宜采用根管钻进工艺,并在钻进过程中做好泥浆护壁工作。当钻至目的含水层时,在目的含水层层顶以上 3~4 m 处进行止水,同时封闭该位置以上地层;在含水层内钻进时采用低比重、小浓度泥浆钻进方式,避免泥浆形成过厚的泥皮并附着在井壁上,可减小清洗和成井难度,避免泥皮堵塞含水层输水通道。

(二)抽灌井间距

岩溶地区地下裂隙发达,地下水会沿着地下裂隙由地下高水位向地下低水位移动,且裂隙内的地下水径流速度相对于岩石层和沙土层大,设计回灌井与取水井间距时应考虑地下裂隙带的发育情况,可考虑将回灌井设置在地下径流的上游,取水井设置在下游,使回灌水能补给同层含水层,实现完全回灌。同时为了避免热源井之间的热贯通,综合考虑裂隙水流速和方向,抽灌井间距要比抽水回灌井的影响半径大,比较常见的间距为 60 m,可根据工程场地水井影响半径适当调整。

(三)回灌水质

目前,我国北部地区采用雨水回灌岩溶地区地下水已经得到较好推广,但不同水源的地表水混合,夹杂着碳酸盐岩含水层之间的水、岩、气相互作用,常会对地下水的物理、化学性质,补给、径流、排泄条件和含水层孔隙演化产生一定的影响。因此,使用混合式水源的雨水回灌时,需解决回灌水质的问题。

雨水经调节池、过滤池,其中的 Cl^-、SO_4^{2-}、Ca^{2+}、Mg^{2+}、HCO_3^- 离子成分和含量不变,过滤器过滤掉超标污染物中的氨氮化合物,平均去除率高达 92.9%,浊度可相应减小 46.4%,属于 Ⅲ 类水质。使用这种雨水进行回灌时,虽不会对地下水水质造成较大危害,但其中各种离子及化合物仍然超标,若使用这种水直接回灌,可能引起地下水 pH 值升高、水温上升,继而引发地层中的碳酸盐岩溶解(溶蚀作用)。回灌量越大,溶蚀作用越强烈,因此需要对回灌水的 pH 值和水温进行再处理,恢复至地下水原水的 pH 值和水温,确保不会对井及其周边地层产生失稳等危害。

(四)回灌方式

现有的雨水回灌方式有地表入渗、坑塘入渗、渗坑入渗和水井回灌,建议使用水井回灌方式。水井回灌是利用深、浅大口径井将处理后的雨水直接回灌到含水层中,通过含水层渗透性来补给地下水。水井回灌不受地形、天气变化、地面厚度、弱透水层分布的影响,而且占地少,无水资源浪费。

岩溶地层回灌条件优越,综合考虑经济节能和增大回灌量的前提下,可采用重力自流回灌模式,雨水利用其自身重力作用,沿岩溶裂隙自动渗流,回灌成本较低,且能达到较好的回灌效果。

(五)抽灌比

雨水回灌受天气因素影响较大,且回灌水量有限、分布不均匀,应综合考虑以上因素来确定抽灌比(岩溶地层常用抽灌比为1:3)。此外,可使用雨水收集系统和储存系统来增加回灌水量,减少天气因素的不利影响。

(六)岩溶地层回灌量的影响因素

1.抽灌井"热贯通"现象

以冬季供热工况为例,当抽灌井间距较近,形成水流通道时,低温回灌水可以快速进入取水井,降低取水井水温,发生"热贯通"现象。这样的抽灌系统由于抽水温度低于设计温度,且回灌量小,导致水源热泵系统运行效率低,属于失败工程,不能继续使用。因此,布置回灌系统时,应避免形成水流相通,最大程度地减小热贯通带来的影响。

2.回灌水源

水量:水量的多少直接决定了回灌量的大小,雨水存在时空分布不均性,不同季节和不同地区的可回灌水量都有所差异,我国岩溶地区多分布于亚热带季风气候区,具有夏季雨量充足而冬季少雨的特点,可以设储水系统,降雨较多时收集并储存雨水,补给少雨季节使用。

水质:水质控制是影响回灌系统寿命的关键因素,地面系统应加装水质监测和处理装置,混合雨水需处理至达标后方可用于回灌。

3.岩溶地层特性

岩溶地层的岩层、岩性、层厚、顶底板状况、裂隙发育程度和走向等特性直接影响回灌能力,地层能够容纳的水量和地下径流排泄能力限制了回灌水量和回灌速度,应根据工程场地地下岩层特性合理确定回灌水量和回灌速度。

二、岩溶地层回灌井钻探施工工艺

(一)钻进过程中的关键问题及处理

岩溶地层中,碳酸盐岩一般具有较高的强度,属于较硬质岩,是桥梁基础的良好持力层。但由于碳酸盐岩中常发育有岩溶洞穴、岩溶裂隙,各种溶蚀现象随意分布,无规律可循,洞、隙在岩体中分布极不规则,地下形态以溶洞、地下河为主。溶洞因其处于地表以下,隐蔽性大,形态多样,大部分洞身曲折、支洞多,常见的有不同高度重叠分布且相互连通的大型复杂溶洞,其中可能充填泥沙或全部空洞,使得碳酸盐岩的强度和稳定性问题变得错综复杂,岩溶地层结构形态为岩溶地层钻井施工时应首先确定的问题。

应高度重视岩溶对钻进过程的潜在危害性,针对具体岩溶情况采取相应的对策及钻进工艺。钻进过程中常发生漏浆,进尺突然变快或掉钻、卡埋钻具与折断钻具,地表塌陷,岩芯采取率低等状况,应停止继续钻进,并按照以下方式处理。

1.漏浆

由于溶洞较大、所处岩层裂隙发育、连通性好,泥浆容易向外流失,导致岩粉无法正常排出,孔壁难以得到泥浆的维护而塌孔、掉块,严重时可导致卡钻、埋钻。钻进时应根据钻井揭露的裂隙大小、泥浆的漏失程度采取泥浆＋锯末、泥浆增稠＋锯末、投黏土球及投水泥球等措施进行堵漏;还可及时增大循环水量,必要时可在泥浆中添加纯碱、护壁剂等以加大泥浆比重,及时排出岩粉,加强孔壁维护,保证钻孔施工顺利进行。若钻孔漏浆不影响正常钻进,亦可小排量顶漏钻进。

2. 掉钻、卡埋钻具与折断钻具

钻机钻穿溶洞顶板时,由于溶洞顶板岩层厚度不均匀,钻具可能掉落并沉入溶洞内,在提起钻具时,未穿部分的溶洞顶板将钻具卡住,已穿部分则被溶洞中原有充填物(溶洞泥、碎石等)卡埋,使钻具无法提起,当阻力较大或溶洞较大时还会发生折断钻具事故。钻具钻穿溶洞顶板直接进入溶洞内,当进入的溶洞高度接近或超过岩芯管的长度时,由于钻机转速大、压力高,导致钻具脱落或扭断。当发生卡钻事故时,需继续保持循环水的供给,同时应在缓慢旋转钻具时提升钻具,此法无效时,采用反打的方法慢慢提钻,并投黏土球以加大对孔壁的维护。若钻具已经脱落或扭断,在脱落钻具长度小于或接近溶洞高度时一般放弃打捞(此种情况下一般钻具已斜向倒入溶洞内),可采用下套管到洞底变径继续钻进。

3. 地表塌陷

在不稳定的岩溶地区(第四系覆盖层较薄、松散且下伏大型溶沟、溶槽等)钻进时,钻进机械持续振动,冲洗液将松散覆盖层冲蚀,或者钻孔内土层被取出后,表层松散覆盖层沿溶蚀沟槽向钻孔内移动,形成地表塌陷甚至卡钻。为避免此类情况发生,应在开孔时安装好井口套管,防止冲洗液冲蚀松散覆盖层导致地表塌陷。施工时应随时观察场地的变化情况,确保相关人员、机具的安全。

4. 岩芯采取率低

若岩层多溶洞、裂隙,或钻进遇构造破碎带,或接触变质带,加上碳酸盐岩性质脆,用常规的取芯钻进工艺会影响岩芯完整度和采取率,从而导致判断失误。应采用单动双管钻具钻进,并适当减小回转进尺,或在溶洞内采用合金刚钻钻进,但应预防发生烧钻事故。

(二)钻井液

岩溶地层钻探特征主要表现为钻井液的漏失或被稀释、孔壁易坍塌、易发生孔内钻探事故。研究岩溶地层钻井液的成分和配比,对于解决以上问题十分重要,生产中泡沫流体钻进工艺应用已经较为广泛,在富含水的岩溶裂隙地层区域,结合泡沫流体钻进工艺的特点,采用植物胶泡沫钻井液介质作为岩溶地区钻探用钻井液。

植物胶体积含量比例为 2.5% ~3%,发泡剂十二烷基苯磺酸钠(ABS)体积含量比例为 0.2%,水解聚丙烯酰胺体积含量比例为 0.05% ~0.08%,气态相与液态相的体积含量比例控制在 20:1 范围内。通过实践检验及具体分析,护壁堵漏特征主要表现为:植物胶泡沫泥皮防塌、网状结构防漏、低失水性、黏弹性与低密度防漏以及低速塞流与岩屑聚结堵漏。

(1)植物胶泡沫泥皮防塌主要表现在两个方面:一方面,泡沫流体本身就具有较强疏水特征,它易于吸附在钻井的井壁上形成疏水的泡沫壁;另一方面,钻井液中的高分子聚合物具有长链架桥结构特点,使得钻井液介质形成了致密的群体空间网状结构,且具有较强的结构黏度,对井壁表面介质的水化起到了明显的抑制作用。

(2)网状结构防漏作用主要表现为:当钻进至漏失地层段时,在钻井压力的作用下,植物胶泡沫钻井液介质渗入到井壁四周漏失裂隙中,与钻渣或裂隙中的残留物相互黏结并迅速地聚集形成群体聚结状态。首先,它在漏失通道内保持着较低的剪切速率,较好地降低了钻井液在通道内的流动能量;其次,随着这种网状结构的堆积叠加,已经聚集成的泡沫流体的网状结构以曲面弹性变形的方式黏结吸附后来的钻井液介质三相体,较好地延缓了钻井液的流动冲击,进一步减缓它的剪切速率,伴随着井壁漏失裂隙通道持续被这种泡沫流体的网状结构所填充、堆塞,逐渐形成良好的疏水泡沫流体屏障,可减弱甚至阻碍钻井液渗漏的作用。

(3)低失水性特征主要表现为:一,植物胶泡沫钻井液介质的结构黏度比一般低固相钻井液要高得多,有利于群体网状结构的形成,且具有致密性的结构特点,可有效抑制自由水流动,它的固相颗粒组分增大了植物胶泡沫钻井液的流动阻力,有效地减少了钻井液介质水分子的损失;二,植物胶泡沫钻井液介质表面是一种混合膜的结构体,因其黏度比钻井液中的自由水的黏度高,在钻井液的流动过程中一方面促使各分子间形成相互牵引力,在这种牵引力的作用下可较好地抑制自由水流动,另一方面在低静液柱压力、循环密度和井壁内部压力的共同作用下,在井壁地层中形成一层较为坚固的防水薄膜层,较好地阻止水介质与井壁之间的接触,减缓地层的水化作用,可起到预防井壁坍塌作用。

(4)黏弹性与低密度防漏特征主要表现为:在植物胶泡沫钻井液介质中的木质素或半纤维素的氢键、酯键或醚键的化学作用下,不仅增强了钻井液介质的结构强度,而且还使得钻井液介质具备一定的可压缩性和膨胀性,黏弹性特征明显,可有效地减缓钻井液的抽吸负压及钻进冲压对井壁的冲刷作用,起到较好的防塌作用。

(5)低速塞流与岩屑聚结堵漏特征主要表现为:植物胶泡沫流体的悬浮和吸附能力不是依靠钻探工艺本身较高的上返速度,而是取决于植物胶泡沫流体形成的相互叠加的网状结构体本身,钻井液介质表现为低速塞流特征,能够有效地减弱钻井液本身对井壁的扰动和冲刷作用。

三、岩溶地层回灌工艺小结

当前,岩溶地层因其复杂的水文地质环境尚未被大面积开发,且岩溶水分布不均,开采难度大,水质矿化度较大,不能直接利用,处理成本高,岩溶水资源利用率小。岩溶地层成井难度大,针对钻井过程中漏浆、卡钻、折钻、地陷等突出性问题采取相应的处理措施,保证回灌工作顺利进行。

第五节　基岩裂隙水回灌工艺

一、基岩裂隙水的开采现状

岩石的裂隙(包括部分火山岩孔洞)是基岩地下水储存的基础,也是基岩裂隙水进一步分类的依据。储存并运移于地下基岩裂隙中的裂隙水,往往具有一系列与孔隙水不同的特点。某些情况下,在同一岩层中相距很近的钻孔,水量悬殊,甚至有些有水而相邻的井无水;有时在相距很近的井孔,测得的地下水位差别很大,水质与动态也明显不同。与孔隙水相比,裂隙水表现出强烈的不均匀性和各向异性。

在我国北方(例如天津、唐山等地)开采基岩的裂隙水较为普遍,主要用于室内供暖和工农业生活用水,且开采量还较大,其前期地层勘察和钻井技术比较先进,当前的钻井设备和钻井工艺技术已经可以完成深层基岩裂隙含水层地下水开发工作;但是在南方,地表水较丰富,地下水开采相对较薄弱,对于深层基岩裂隙水的开采更少,同时国家相关规范限制地下水开发,且要做好回灌工作,对于基岩裂隙层,开发勘察找水有一定困难,而回灌难度更大,必须探明目的区域地下地层岩性、结构和特征,合理规划设计取水井和回灌井,做到完全回灌,不破坏地下水环境。

理论上,基岩裂隙是回灌水良好的输水通道,回灌水在裂隙中渗流的阻力小,流速快,能很快地补给该层含水层,更易回灌。基岩裂隙地层取水井的涌水量与回灌能力是对应的。涌水量大,则回灌能力强,反之亦然。影响两者的主要因素是储水能力、径流和补给、排泄能力。

二、基岩裂隙水水井的布置原理

基岩裂隙水埋藏、分布的复杂性和不均匀性,常使近在咫尺的相邻水井的涌水量差距较大,甚至在同一井位上,可能因井深和井型选择不当而不能成井。为了更加有效地开发利用基岩裂隙水资源及便于回灌,在基岩裂隙地层布置水井时,需要研究井位、井深和井型确定的一般原理。

(一)井位的确定

裂隙水分布的不均匀性,不仅表现在区域范围内,即使在同一含水层内,富水性或者成井条件也常有较大差异。因此,在裂隙水分布区布井时,还存在一个含水层确定之后确定井位的问题。通常在布井时要考虑以下成井条件:

(1)应查明强含水裂隙主要分布位置。一般情况下,在某一规模较大的含水层分布范围内,裂隙强度、宽度最大,地下水富水区往往是在低序次、低级别构造发育的区域,尤其在这些构造和主干构造相交部位,以及主干构造的突然转折、倾伏、收敛、尖减的部位,或者是区域含水性最好的岩层分布部位。以上部位是布井时优先考虑的井位。

强含水裂隙带出现的宽度,除与构造规模有关外,还与一些外动力地质作用有关。例如在可溶岩分布区,岩溶作用强度对于单条裂隙或整个裂隙带的宽度都有极大的影响。

根据我国北方地区勘探资料,除少数岩溶层位含水裂隙有近乎层状分布特点,储水构造中强含水裂隙带的宽度不大。现将各类储水构造中适宜布井的强含水裂隙带的宽度归纳如下,以供布井时参考:对于非可溶岩的储水构造,强含水裂隙带的宽度一般仅 1~5 m,个别可达 5~10 m,当为巨大断裂带时,宽度可达几十米;对于可溶岩的储水构造,强含水裂隙带的宽度变化较大。岩脉旁侧的强含水裂隙带的宽度一般为 2~5 m,很少大于 10~15 m,对于侵入接触或断裂接触所形成的强含水裂隙带,宽度一般为 5~20 m,最大可达 20~100 m;对于区域性不整合接触所形成的单斜储水构造,强含水裂隙带的宽度可达数十米到二三百米。

(2)含水层的产状特点。基岩裂隙含水层一般都具有倾斜的产状。对其倾向和倾角的错误判断,常常是很多取水井和回灌井开凿失败的主要原因。在被松散沉积物掩盖的地区,含水层走向的推断误差过大,常是失败原因之一。因此,在布置水井时,应考虑以下含水层产状的特点:

①对于厚度不大的倾斜含水层,应在倾向一侧布井,取水井在倾向角的下部,回灌井在倾向角的上部。为了保证井穿过一定厚度的含水层(对于潜水),或保持较大的水头压力(对于承压水),以获得较大涌水量,一般要求把井布置在含水层倾斜方向上、距底板一定距

离的地方。当其厚度越小,倾角越缓时,要求井与含水层底板之间的距离越大。但若水井距含水层过远,则因含水层埋藏过深而影响其裂隙发育程度,岩溶强度以及富水性随之减弱。

②对于厚度较大或产状陡斜的含水层,除少数确定的直立层可在层中布井外,为了保险起见,一般均要求靠近含水层顶板一侧布井。此外,对某些高角度的逆冲压性断裂含水带,井管布置时必须在野外深入观测的基础上,估计到断裂面倾向和倾角在纵向上可能产生的变化。

③在某些情况下,当井揭穿含水层的深度已经确定时,则可据此合理揭穿深度来确定水井平面位置。常见情形有二:

a. 单一倾斜裂隙含水层的取水井和回灌井合理揭穿含水层深度与水井平面位置见图4-8。

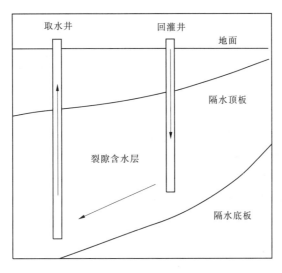

图4-8　单一倾斜裂隙含水层取水井与回灌井深度和位置示意图

单一倾斜裂隙含水层的布井要求是在裂隙层内有水力联系,回灌井在水力坡度的上游,井身浅一些;取水井在水力坡度的下游,井身较回灌井要深。此种排布有利于回灌井回灌和取水井取水。

b. 两个倾斜方向相对的含水层(如两个相交的断裂含水层),回灌井欲布置在两含水层的交线(此处将两个相交的含水层视作两个曲面)上,而取水井要布置在回灌井水力坡度的下游,此时井深和水井平面位置的关系可用图4-9所示方法表示。

图中a虚线表示两个断裂面的空间交线,箭头示意水流方向,Z轴为井深,X、Y为相对坐标轴,O为坐标原点。取水井和回灌井都在两个断裂面的交线a上,回灌井在水力坡度的上游地带,相对深度$Z_{灌}$较小;取水井设置在回灌井水力坡度的下游地带,相对深度$Z_{抽}$较回灌井要大。因为交线位置是两个断裂隙含水层地下水径流汇集区,储水量大,裂隙发达,取水井出水量大,回灌井回灌量大。

(3)布井时要充分考虑水质污染条件。特别要注意的问题是:井位所在裂隙含水层应该避开水质不合格的地表水或第四系浅层水,直接或近距离补给含水层的地段。

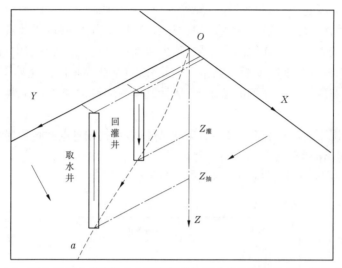

图 4-9　两个倾斜方向裂隙含水层回灌井和取水井深度和位置三维示意图

(二)井深的确定

1. 开采风化裂隙水时井深的确定

风化裂隙水,主要分布于非碳酸岩的各种弱透水性的岩石中。特征是埋藏深度小,富水性弱且多为潜水。井深可按下式确定:

$$井深 = 风化裂隙带的下限深度 + 2 \sim 10 \text{ m 的集水井筒深度}$$

当风化裂隙带厚度较小,井径较小时,集水井筒深度采用较大值,反之则采用较小值。

在我国很多地区,风化裂隙带的下限深度多在 15 ~ 30 m,南方风化作用剧烈的花岗岩区最大深度可达 40 ~ 60 m。

2. 开采一般非碳酸岩的层间裂隙水时井深的确定

这类地下水常常固定地存在于某些裂隙相对发育的层位中。主要含水裂隙层段的分布深度,一般与当地地下径流的积极交替、循环带深度(100 ~ 150 m)一致,大于该深度时,裂隙含水性常常显著减弱,故开采层间裂隙水的井深很少有大于 150 ~ 200 m 者。当含水层厚度较大时,可简单地根据含水层底板深度来确定井深;当含水层厚度较小(15 ~ 30 m)时,井深可按脉状含水带井深公式确定。

3. 开采各种脉状含水带时井深的确定

所谓的脉状含水层,是指由岩脉、断裂、不整合接触带、侵入接触带所构成的宽度比较狭小的含水层。对于非可溶性岩石中的脉状含水层,由于宽度一般较小,渗透性相对较差,因此在确定井深时,为保证获得较大抽水量,必须考虑水井在地下水位以下一定深度穿过含水层。

井深包括区域地下水位埋深、区域水位到含水层顶板的深度和含水层的垂向厚度。

区域水位到含水层顶板的深度又可称为含水层的合理揭穿深度,根据勘探经验,在非可溶岩地区,此深度大致在区域水位以下 30 ~ 50 m,与风化裂隙带下限相当。对于影响深度很大的区域主干断裂(特别是一些张扭性断裂)含水层,其合理揭穿深度则不受上述范围限制,例如某些热源井揭穿含水层的深度可达 700 m。但是,对于一般的脉状含水层(特别是脉状潜水),水井揭穿含水层深度过大时,往往由于裂隙闭合而含水性变差。

(三)井型的确定

在基岩裂隙水的开采和回灌时,井型决定了系统运行效果,井型的选择首先取决于目的含水层的埋藏深度和厚度,其次是含水层的水位埋深、富水性和产状特征,同时也与设计需水量及施工方法有关。

实际生产中并不采用常见的单一结构井型,我国在开发利用基岩裂隙水的实践中,还创造出很多适用于各种特殊水文地质条件的联合井型。如为解决地下水深埋时提水的困难,可以采用上部筒井、下部管井的"母子井"(或称吊管井);为勘探和开采埋藏条件极复杂的脉状含水带,可采用竖井(或斜井)—水平坑道(或水平占孔)的联合井型;为集中开采规模巨大的富水层,可采用大池—坑道—垂直管井(或筒井)的联合取水井型。

而裂隙含水层中回灌井的井型也具有多元化特点,针对不同的地层和不同的回灌需求,采用不同的井型回灌。裂隙含水层主要的回灌目的层与取水含水层属于同层,异层回灌受地质构造条件影响较大,需要有断裂带将不同的含水层相连通,一般不考虑异层回灌;主要的回灌类型为同层回灌,回灌井型主要采用一个井径,但井身结构采用不同工艺,例如可采用抽灌两用的井、同层不同深度裂隙回灌等。

三、基岩裂隙回灌工艺小结

我国基岩裂隙水资源的利用还处于初期阶段,如何合理利用深层基岩裂隙水资源,又不对地下水环境造成破坏,是当前开发基岩裂隙水资源的瓶颈。对基岩裂隙水回灌工艺的研究相对较滞后,在考虑当前技术和节能环保的前提下,如何实现完全回灌、改进回灌工艺、提升回灌能力,是回灌所面临的关键问题。

第五章　地下水换热系统存在的问题及防治措施

地下水换热系统在整个热泵系统运行过程中常遇到的问题有回灌堵塞、腐蚀与水质问题、潜水泵损耗严重和运行管理困难等。

第一节　存在的问题

一、回灌堵塞

回灌技术是地下水源热泵成井工艺的关键技术,如果不能做到完全回灌,将带来一系列生态问题,如地下水位下降、含水层疏干、地面下沉、河道断流等。要解决回灌堵塞问题,可以从造成堵塞的原因着手,对症下药。回灌堵塞大致可分为物理堵塞、化学堵塞、生物堵塞三大类,其中物理堵塞又可分为固相堵塞和气相堵塞。

(一)固相堵塞

固相堵塞是指水中泥沙、悬浮物、胶体物质等非溶解性固体对回灌井的滤网、填砾、含水层造成的堵塞。非溶解性固体含量越高,水井回灌能力越差。这些非溶解性固体主要是渗透破坏的结果,渗透破坏是指泥沙颗粒被渗透水流冲走的现象,又称渗透变形。渗透破坏通常发生在某些特定的地层,易发生渗透破坏的地层通常有以下三种:

(1)流土性土。流土性土通常为较细的砂类土,俗称为流砂。若机井处理不好,井外泥沙会被不断抽入井中,造成长期浑浊。流土性土在颗粒级配曲线上的特征是坡度较大、粒径较小。流土性土一般颗粒较细,如粉土、粉砂、细砂等,而且流土性土的不均匀系数较小。不均匀系数是衡量砂类土颗粒级配状况的指标,一般用 η 表示,η 值越小,砂砾大小越均匀。

$$\eta = \frac{d_{60}}{d_{10}} \tag{5-1}$$

式中　d_{60}——小于某粒径的颗粒占总重量的60%,该粒径即为 d_{60},又叫控制粒径。

　　d_{10}——小于某粒径的颗粒占总重量的10%,该粒径即为 d_{10},又叫有效粒径。

注:颗粒级配曲线是根据筛分试验成果绘制的曲线,反映了土中各个粒组的相对含量,根据颗粒级配曲线的坡度可以大致判断土的均匀程度或级配是否良好。曲线陡,表示粒径大小相差不多,土颗粒比较均匀;曲线缓,表示粒径大小相差悬殊,土颗粒不均匀,级配良好。某个样土的 d_{60}、d_{50}、d_{20}、d_{10} 均可从其颗粒级配曲线中查得。

(2)管涌性土。缺乏中间粒径(级配不连续)的砾石类土,以大颗粒为主,如细砾、粗砾、卵石、漂石等,而且不均匀系数较小,η 一般大于20,管涌性土中细砾含量少,一般不多于25%~30%,在颗粒级配曲线中段有一段接近水平的过渡。管涌性土透水性大、含水性好,当井外水力坡度大于0.1时,细颗粒能够在大颗粒空隙中移动,最终被冲入井内,导致井内含沙量过大。

（3）接触冲刷。抽水时，若有一层黏性较小的土层（砂壤土、粉土、粉砂等）与砂砾石、裂隙岩石等强透水层接触，强透水层中的水流向水井速度较大，容易把上下接触面上这些黏性较小的土层颗粒带入井中，导致水质浑浊，实际工程中经常遇到这种接触冲刷现象。

还有可能形成固相堵塞的情况是静水位以上（或花管以上）的填砾层，抽水洗井时，这种地层没有地下水向井中涌水，因而无法冲洗干净填砾中的泥土、石粉及打井泥浆。回灌时由于水位升高，该段填砾中充满水，热泵系统运行时反复启停，在停机时水井停灌，停灌时井中水位急速下降，会将该段填砾层中的泥土带入井中，随即造成堵塞。

此外，静水位和动水位之间的含水层较难进行彻底清洗，这是因为抽水时水位快速下降至动水位，上面的含水层不再出水，该段泥沙防御屏障难以形成，井壁上的泥浆难以冲洗干净，在泵运行初期会出现水质浑浊现象。水位降深越大，变幅带的含水层越难清洗，极易引起固相堵塞。

（二）气相堵塞

除固相堵塞外，地下水从取水井抽出至回灌井的过程中会形成大量气泡，有试验测出，回灌水中气泡含量可高达 0.47% ~ 0.95%（体积比），会对以砂类土为主的含水层回灌造成严重影响。

气泡产生初期，体积较小（微米级别），随着时间推移，小气泡逐渐融合，最终可达到几百微米的气泡。较大气泡容易上浮逸出，余下数量较多的小气泡则上浮缓慢，在水中无规则运动，最终可能随回灌水进入机井的滤网和滤层。若滤网过细，小气泡会大量附着于其上，造成气相堵塞。

试验显示，绝大部分小气泡从水深 20 cm 处上浮到水面需要 2 ~ 3 min。而在回灌管路中，由于管径小、流速大，大部分小气泡被快速带入井下含水层中。当水从井内向井外渗透时，气泡会越来越大，而反滤层的空隙却是越向外越小。抽水时这些反滤层能将地层中最细小的颗粒阻挡住，回灌时很容易挡住越来越大的气泡。

地下水源热泵工作时，水从地层中流出来是不带气泡的，反滤层及泥沙屏障层只需要透水，不需要透气，而在回灌时，想要透水好就必须要透气，如果被堵住不能透气，则回灌效果会大打折扣。

当水的浑浊度不大于 1NTU 时，在含气量基本相同的情况下，透水性很大的砾石类含水层，单位回灌量接近单位出水量说明气堵情况很轻微，原因是砾石类土的最小颗粒相对较大，d_{10} 一般为 0.2 ~ 1 mm 或更大，由填砾建立起来的屏障层颗粒也就比较大，回灌水中的气泡很容易从它的空隙中穿过去而进入含水层。

砂类土则不同，粗砂的单位回灌量只有单位出水量的一半，原因是砂类土中细颗粒相对较小，d_{10} 一般为 0.02 ~ 0.1 mm，只有当填砾建立起来的屏障层也很细时，抽水时才能把更细的颗粒挡住，同样的道理，在回灌时，水中的气泡很难从屏障层的空隙中全部穿过去而进入含水层，因此气堵比较严重。

粉细砂含水层的屏障层更细，它可以把只有几微米的黏土颗粒阻挡住。回灌时几微米的微小气泡理所当然也就进入不了地层，只能停留在天然反滤层及填砾中，回灌也就会更困难。

（三）化学堵塞

化学堵塞主要是回灌水中所含物质与水中溶解氧或其他矿物质发生化学反应形成的堵

塞,化学物质堵塞主要有铁、锰堵塞及钙质堵塞。

1. 铁、锰堵塞

铁、锰堵塞有两个必要条件:水中含有大量铁、锰离子及溶解氧。以铁为例,其堵塞时的化学反应式为

$$2Fe^{2+} + O_2 \rightarrow 2FeO$$
$$4FeO + O_2 \rightarrow 2Fe_2O_3$$
$$Fe_2O_3 + 3H_2O \rightarrow 2Fe(OH)_3 \downarrow$$

地层中的铁、锰大都是共存的,砂层在沉积过程中如果含铁、锰的矿物质量相对富集,水中的铁、锰离子含量就会较高。地下为厌氧环境,低价铁、锰离子不会被氧化,但在地下的含水层中,溶解氧会与低价铁、锰离子反应,最终产生胶体沉淀物质,形成铁、锰堵塞。

由于井外压力降低,空气可以从井口进入管井中,从动水位以上的花管段快速进入到下降漏斗范围,与地下水的浸润面接触。砂卵石的影响半径可达数百米,这样就会使井周围数百米范围内的地下水长期与空气接触,增加水中的溶解氧,导致铁、锰堵塞。

2. 钙质堵塞

地下水的硬度一般较大,是由于其中钙、镁离子含量高,钙、镁离子易形成碳酸钙沉淀,使滤网、滤层结垢,造成堵塞。其化学反应式为

$$Ca^{2+} + 2HCO_3^- \rightarrow CO_2 + H_2O + CaCO_3 \downarrow$$

钙质堵塞是一种慢性堵塞,形成堵塞后不易分解,为永久性堵塞。水的硬度越大,水温越高,堵塞速度越快(水温在 60 ℃ 以上时该反应速度极快)。由于地下热源井使用频率具有季节性,有较长的非使用期,且在该段时间内的水温也有波动,上述反应不断进行,沉淀物不断累积,形成钙质堵塞,因此必须采取有效措施解决钙质堵塞问题。

(四)生物堵塞

回灌水中主要生物种类由各种藻类、菌类等微生物群落组成,这些微生物可能在适宜条件下迅速繁殖,其生物体或代谢产物附着或堆积在介质颗粒上形成生物膜并导致生物堵塞,降低含水层中水的流动能力。

地下水在缺氧环境中,藻类很少,能造成堵塞的微生物主要是铁细菌、硫酸盐还原菌等,这些细菌活动的最终结果都是使 Fe^{2+} 变为 $Fe(OH)_3$、FeS 等沉淀。在天然地下水中,这些细菌数量较少,但铁细菌是一种能利用 Fe^{2+} 氧化为 Fe^{3+} 的能量来维持生命的菌类,当水中增加了溶解氧,Fe^{2+} 被氧化时,铁细菌便会大量繁殖,形成生物堵塞。回灌过程中任何堵塞都不能忽视,必须积极开展生物堵塞防治工作。

二、腐蚀与水质问题

目前大多水源热泵地下水循环系统并不是完全密封的系统,回灌过程中的回扬、水回路中产生的负压和沉砂,都会使地下水与空气接触,导致水中溶解氧及游离 CO_2 增加。地下水和土壤中的盐类、溶解氧使金属受电化学腐蚀;地下水中的溶解氧和一些氧化剂(如 Fe^{2+})会发生金属腐蚀,地下水中的游离 CO_2 不断溶于水,使铁质管道及设备产生腐蚀;高速水流可加速扬水系统的腐蚀;井壁管外镀锌铁丝与井壁管形成电偶对,造成镀锌铁丝电偶腐蚀。

而地下水水质不好是引起腐蚀的根源,而腐蚀会进一步恶化水质,如电化学腐蚀形成的

Fe^{2+}会促进铁细菌的繁殖,腐蚀过程中形成的Fe^{3+}沉淀物质会进一步加大浑浊度。

腐蚀和水质不好是早期地下水源热泵遇到的普遍问题之一,回灌系统腐蚀会产生一系列水文地质问题,如地质化学变化、生物变化。而且我国水源热泵工程的地下水回灌井系统材料经过严格防腐处理的较少,地下水循环一周后,水质也会受到影响,直接表现为管路系统、换热器和滤水管等设备附件中发生生物结垢和无机物沉淀,造成系统效率降低和回灌堵塞。

三、潜水泵损耗严重

潜水泵是随热泵系统工作启停而不断启停的,但是频繁开关潜水泵,再次开机时上次电泵停转时产生的回流使电机负载启动,导致启动电流过大,会加速烧坏潜水泵电动机绕组,使潜水泵损耗过快。

潜水泵工作时整个泵体潜入水中,容易漏电,造成能耗过高且容易发生触电事故;当地下水中含沙量较大时也会引起能耗过高,加速水泵性能损耗。潜水泵安装使用不当,会导致整个系统性能系数下降,必须合理选择潜水泵,并选择合适的控制方式。水源热泵系统中,潜水泵存在功耗比重较大的问题,严重影响热泵系统运行能效比,必须采取合理措施缓解这一现象。

四、运行管理不当

运行管理是空调系统的重要组成部分,在系统验收调试完成、交付使用前,应对运行管理人员进行培训,掌握系统的运行原理、各种实际运行中可能出现的状况与对应策略和操作方法等。但是运行管理常被忽视,主要体现在工程技术资料管理不善、维护管理人员专业技术能力不足及运行管理制度不健全。

运行管理不当会出现责任分工不明确、系统运行能耗大而性能系数降低、运行出现问题时不能及时发现并解决,严重时会加速热泵系统的报废,必须加强系统的运行管理。

第二节 防治措施

一、回灌堵塞防治措施

(一)固相堵塞防治措施

1.易发生渗透破坏地层的防治措施

针对本章第一节中提出的易发生渗透破坏的地层可以采取对应防治措施。

1)流土性土

鉴别流土性土,可以通过现场观察,循环水冲出来的砂砾颗粒普遍较细,粗砂以上的砂砾较少;也可以通过分析其电测井曲线,在流土性土的ρ_s曲线上,砂层段的异常幅值较小,比壤土、砂壤土的ρ_s值略大些;其次是流土性土的单位出水量不大,若水井含水层均为流土性土层,其出水量一般为$0.02 \sim 0.2 \ m^3/(h \cdot m)$。

流土性土如果是粉砂、细砂,其d_{50}一般为$0.05 \sim 0.15 \ mm$,最有效的处理措施是使用天然粗砂(其d_{50}一般为$0.3 \sim 1 \ mm$)作滤料,厚度可不小于$200 \ mm$。由于天然粗砂中含有中、粗、细多种颗粒,可以经过反复洗井抽水,形成若干个反滤层及泥沙屏障层,弥补流土性土层难以形成天然反滤层的不足。当然,若在同一口井中存在其他更好的含水层,也可以分层填砾或将流土性土封闭。

2)管涌性土

管涌性土属于冲积形成的砾石类土,其主要特点是透水性较大,出水量可达 10 $m^3/(h \cdot m)$ 以上,易被发现。管涌性土在电测井曲线上的特点是 ρ_s 异常幅值大,在自然电位曲线上可出现渗透电位的负向变化。与洪积形成的砾石类土相比,洪积卵石的 ρ_s 值更大,但透水性很小,容易区分。

选择管涌性土的填砾粒径时,不能以管涌性土整体的颗粒曲线的 d_{50} 作为计算滤料 d_{50} 的依据,需将除去粗颗粒之后的剩余部分作为总重,重新绘制级配曲线,以此选择滤料。

3)接触冲刷

在以下两种地质条件下容易发生接触冲刷,应当加以预防。

一种是在较厚的强透水地层中,由于沉积韵律的变化,强透水层中通常夹有若干层粉细砂或砂壤土,容易发生接触冲刷。这种情况下,从井孔结构上进行预防比较困难,可以多配置花管,并在选配水泵时,使入井流速不大于安全流速。

另一种是厚度不大的卵石层直接与粉细砂接触,也容易发生接触冲刷。此时井的出水量较大,入井流速已经超过安全流速。当地层接触面介于动水位、静水位之间时,可以将动水位以上的含水层全部封闭,并在填砾中增加一层粗砂阻隔,降低粉细砂从填砾流入井内的概率,当接触面低于动水位时,可通过减小填砾粒径来缓解接触冲刷形成的堵塞。

2. 固相堵塞综合防治措施

(1)形成良好的泥沙防御屏障。泥沙防御屏障的形成需要一定时间,即使填砾粒径设计合理,外面的天然反滤层也要逐层建立,最终才能阻挡住砂层中的最细颗粒。填砾厚度越大,砂层越不均匀,填砾倍比越小,泥沙屏障形成越快。为使泥沙屏障层快速形成,通常对含水层厚度较大和过滤管段较长的井采取分层洗井法,20~30 m 作为一层逐层进行清洗,在对每层抽水洗井时配合间歇洗井法,可以达到较好效果。

(2)抽水洗井时,可在井外水管段上加设旁通管道,引出回水管,冲洗井外填砾层,即在抽水洗井的同时进行冲洗填砾,可以达到较好的洗井效果。亦可进行停抽交替洗井,大水泵洗井与小水泵洗井结合,大降深洗井和小降深洗井结合。

(二)气相堵塞防治措施

在回灌水浊度完全达标且铁、锰离子不超标的前提下,气相堵塞成为砂类土回灌困难的主要因素,必须采取有效防治措施。工程中采用以下五种措施来改善气相堵塞。

1. 少产气

地下水系统运行过程中产气环节较多,可以采取措施从源头减少气泡产生量。旋流除砂器是气泡产生的重要部位,可以在除砂器前增设旁通管路,当水中无砂可除时,旋流除砂器停止工作,水从旁通管路通过,可以减少除砂器工作时扰动产生的气泡。

此外,可以考虑将回灌管由硬管改为软管,负压段的水管被大气压力挤压,过水断面可自行调节,从而减少形成真空区,减少气泡产生。

2. 多排气

在机房内回水管的末端,加设气泡过滤器,采用 100~140 目不锈钢滤网,可以将较大气泡阻挡在滤网后,较小气泡还可附着在网丝孔上,并在过滤器前竖管最高处加装自动排气阀,定期排气。

3. 易透气

井管外侧的天然反滤层及屏障层需有滤水及透气功能,可以使小气泡穿过进入地层,回灌井和取水井在成井工艺上有所区别。

过滤器包网宜粗不宜细,可以在滤网里面先包上两层网式垫筋,以增加滤网的有效利用面积。回灌井的填砾倍比比取水井大 1 倍左右,达到 8~12 或 10~15。

洗井水泵的选型宜大不宜小,这样可以抽出尽量多的细颗粒,屏障层的颗粒直径也就相对更大一些。洗井结束时不要求水的浑浊度像热源井取水水质一样低,抽水时只允许微米级别的黏土颗粒被抽出,回灌时这些微米级别的小气泡才能出去。

回扬时,部分泥质颗粒被抽出时,还能与附着于含水层砂砾上的小气泡及胶体物质发生摩擦碰撞,将其带出一部分,回扬效果好。

4. 降低流速

水从机房到回灌井、从井口到含水层的流速越小,气泡上浮可用时间越长,越有利于气泡的消散。可以考虑适当降低水流流速,从以下几点出发:回灌管管径设计选型时可适当增大;填砾厚度适当增大;若铁、锰不超标,可以考虑适当增大花管长度;单井回灌量尽量小一些,对于粗砂含水层可按 1:2 的抽灌比设计,粗砂以下含水层回灌井比例应适当增加。

由此可见,对中砂以下的气相堵塞严重的含水层,可在回灌管末端、回灌井前,加大回灌管直径来减小流速,为气泡排出增加时间,达到增加排气的效果。

5. 回扬

对于砾石类含水层,因其透气性好,回灌井动水位可以保持长期稳定,回扬周期较长。对于砂类土含水层,因其透气性较差,回灌井动水位较难保持稳定,且呈逐渐上升趋势,因此需要适时回扬。回扬周期与具体工程有关,由当地当时试验确定。回扬时水泵应停抽交替进行,例如抽水 10 min,停止工作 10 min,再抽水 10 min,再停止工作 10 min,如此循环往复,直至恢复回灌能力。回扬时应停止回灌,避免边回灌边回扬。

(三)化学堵塞防治措施

1. 铁、锰堵塞

铁、锰堵塞防治措施可以从减少铁、锰离子和隔绝空气入手,通常采取的措施有以下四种:

(1)输水管道、井壁管、缠丝及滤网使用非金属材料,减少铁、锰离子的来源。

(2)加强水质勘察,确定地下水中铁、锰离子含量,可以在旋流除砂器前段加设铁、锰过滤器,通过旋流除砂器排出。

(3)当地下水铁、锰含量较高时,动水位(包括回灌井的回扬动水位)以上不能配置花管。如井管为钢筋水泥管,动水位以上管箍的焊接点需要满焊,不得留有缝隙,其他水泥管及硬 PVC 管的接头要用塑料布包严;滤料不宜填至地面,井口以下数米,可用黏土球或半流态泥浆封闭,达到与空气隔离的作用。

(4)可用直径略小于井管内径的玻璃钢管或硬 PVC 管下到井中动水位以下,封堵两层管在井口的间隙,将原井管动水位以上透气的井管进行封闭。随着时间的延续,水中溶解氧逐渐消耗完毕,已形成的铁、锰沉淀物通过回扬会越来越少,铁、锰堵塞症状逐渐减轻。

2. 钙质堵塞

减缓钙质堵塞的做法通常有以下几种：

(1)分别设置取水井与回灌井，专井专用，对两种井采用不同的成井工艺，以减少回灌井的堵塞。

(2)水的硬度较大时，对于冬夏两用的热源井，可以在非使用季节定期回扬，将形成不久、较疏松的钙质沉淀抽出井外。

(3)已经使用多年的老井，如果钙质堵塞较严重，可以进行酸处理，酸处理时注意加强保护性措施，避免因滤管缠丝腐蚀损坏造成大量涌砂。

(四)生物堵塞防治措施

考虑到铁细菌的生存离不开溶解氧和 Fe^{2+}，为防止铁细菌大量繁殖，可以按照防治铁质堵塞的措施，尽量采用非金属材料，同时减少溶解氧的含量。针对铁细菌大量繁殖的情况，可向井中加入氯气灭菌。当铁质堵塞比较严重时，还可用工业盐酸对热源井进行酸洗，使 $Fe(OH)_3$ 沉淀转变为可溶于水的 $FeCl_3$。

藻类密度较小，含量也少，一般不做特别处理，但当藻类大量繁殖，严重影响回灌效果时，必须采取相应措施，可以使用化学药剂对滤前水进行除藻，目前常用除藻剂有硫酸铜、氯、二氧化氯等。

二、缓解腐蚀

考虑到引起地下换热系统腐蚀、影响地下水水质的有害成分主要为铁、锰、钙、镁、二氧化碳、溶解氧、氯离子等，对镀锌铁丝可以采用阴极保护，有效控制点蚀、应力腐蚀、冲蚀、空蚀、微生物腐蚀，还可抑制电化学腐蚀；对易腐部件可采用热镀锌及锌铝合金，提高其耐腐蚀性能，而且工艺简单易行；还可以使用有效防腐涂料及密封胶，在法兰连接处选用用非吸收性材料制成的垫圈及密封件，以减少缝隙腐蚀；可以选用新型的过滤器，工艺简单且耐腐蚀性能好，如砾石无砂混凝土过滤器或塑料井管。针对地下水水质实际情况，合理选择防腐措施，使地下换热系统的水质澄清、稳定，不腐蚀、不滋生微生物或生物、不结垢等。

三、潜水泵损耗减缓措施

对于潜水泵损耗严重的问题，可以从以下几个方面采取控制措施：

(1)安装漏电保护器。若潜水泵漏电，当漏电值超过漏电保护器的动作电流值时，漏电保护器会切断水泵电源，避免电能浪费及触电事故发生。

(2)为避免潜水泵长期超负荷工作，当水中含沙量较大时，需要观测潜水泵运行时的电流值，若该值超出铭牌规定数值，需停机检查。

此外，应尽量避免潜水泵脱水运行时间过长，防止电机过热而烧坏；潜水泵工作时，若发现电源低于额定电压10%或高于额定电压10%，应考虑停止电机工作，找出原因并排除故障，确保水泵正常运行。

对于潜水泵功耗过大问题，应从水泵设计选型及运行阶段进行控制，地下水循环系统宜选用闭式系统，回灌水管设置在回灌井静水位以下，可以明显降低水泵功耗。

四、健全运行管理制度

（1）系统相关设计、施工、试运转、验收、检测、维修和评定等技术文件应齐全并保存完好，应对照系统的实际情况核对相关技术文件，保证技术文件的真实性和准确性，并作为节能运行管理、责任分析、管理评定的重要依据。

系统各种运行管理记录应齐全，主要包括主要设备运行记录、巡回检查记录、事故分析及其处理记录、运行值班记录、维护保养记录、设备和系统部件的大修及更换情况记录、年度能耗统计表格、运行总结和分析资料等。

系统的运行管理措施、控制和使用方法、运行使用说明，以及不同工况设置等，应作为技术资料管理。上述技术资料的制定，除业主自身拥有高水平的专业技术人员外，应委托设备供应商、系统集成商、设计单位专业技术人员承担，并在实践中不断完善。

（2）对于运行管理人员，应根据水源热泵系统规模、复杂程度及维护管理工作量，配备必要的技术管理人员，建立相应的运行管理及维修班组，配置相应的维修设备和检修仪表，同时应明确物业服务方的运行管理部门。

管理和操作人员应经过专业培训及节能教育，经考核合格后方能上岗。用人部门应建立、健全管理和操作人员的培训、考核档案。有关管理和操作人员的电子档案应按年度报送建设行政主管部门备案。

管理和操作人员应忠于职守、安全操作，认真分析系统运行指标，对系统节能整改方案和运行管理提出合理化建议的集体和个人，成绩突出的给予奖励。

（3）应建立健全的设备操作规程，制冷期、供暖期常规运行调节方案，机房管理、水质管理等相关规章制度等，并应在工作实践中不断完善。

对于各项规章制度的执行情况应进行定期检查，所设规章制度应严格执行。

下 篇

土壤源热泵地下换热系统施工技术

第六章　地埋管换热系统施工准备

第一节　勘　察

一、地质勘察

地源热泵地埋管场地地质勘察可以为地源热泵系统可行性研究、设计、施工提供准确的现场地质资料,是土壤源热泵适宜性分析、地埋管换热系统设计、钻井工艺选择的主要依据,地源热泵地质勘察的主要目的为获取以下施工现场参数:

(1)岩土层的地质结构。

(2)岩土体热物性参数(综合导热系数、比热容)。

(3)岩土体温度。

(4)地下水分布、静水位、水温、水质。

(5)地下水径流方向、径流速度。

(6)冻土层厚度。

二、现场勘察

现场勘察是土壤源热泵设计、施工前的基础工作,施工现场的水文地质情况直接影响着地埋管换热系统设计形式,准确的地质资料不但可以有效提高设计质量,而且详细的水文地质资料是施工单位制订施工方案的基础资料,科学合理的施工方案是保证施工质量、施工安全、控制成本、按时完成施工任务的有效技术措施,故钻井前应对施工场地进行以下现场勘察:

(1)施工场地规划面积、形状、坡度(是否满足打井或埋管面积和位置要求)。

(2)施工现场已有建筑物、规划建筑物占地面积和分布。

(3)是否有树林、高压电线及其他高架设施。

(4)自然或人造地表水源的等级及范围。

(5)道路交通、周边附属建筑及地下设施。

(6)场地内已有地下管线和地下构筑物的分布、埋深。

(7)钻孔、挖掘所需电源、水源供应情况。

(8)其他规划建设系统的安装位置。

三、勘察报告

地埋管换热系统水文地质勘察报告应明确给出勘察地质结构,地下水静水位、水温、水质及分布,地下水径流方向、速度,岩土体平均温度及岩土体综合导热系数、比热容等指标参数,建议按照地源热泵适宜性分析模型,根据已勘察水文地质资料对勘察地进行土壤源热泵系统适宜性分析，给出适宜性分析结果，并对地埋管钻井工艺和回填注意事项给出建议等。在进行水文地质勘察时还应注意以下问题：

（1）岩土体地质条件勘察可参照《岩土工程勘察规范》（GB 50021）和《地源热泵系统工程技术规范》（GB 50366）进行。

（2）设置勘测井时，应考虑其仍可用于地埋管换热井或监测井。

（3）勘察井施工应满足相关施工技术规范，并应与地埋管换热井施工工艺保持一致，勘察工作应由水文地质专业人员进行，勘察操作应严格按照相关规范进行，水文地质勘察报告应规范统一。

第二节 设 计

一、地埋管负荷计算

地埋管负荷是指向建筑物供冷或供热时，通过地埋管换热器在单位时间内向地下土壤释放或从地下土壤吸收的热量。准确的地埋管负荷计算是科学设计地埋管长度的前提。地埋管负荷计算时首先应确定建筑物空调、供热所需的冷、热负荷。根据冷、热负荷进行热泵机组初步选型，再依据空调、供热实际运行负荷来计算地埋管换热器向土壤的最大排热量与最大吸热量，并应综合考虑当地初始地温、建筑类型、机组工况以及系统长期运行引起的地温变化对地埋管实际换热性能的影响。

最大排热量与最大吸热量的计算公式为：

最大排热量 = 空调冷负荷×（1 + 1/制冷系数）+ 输送过程得热量 + 水泵释热量

最大吸热量 = 供热热负荷×（1 + 1/制热系数）+ 输送过程失热量 − 水泵释热量

当最大吸热量和最大排热量相差不大时，取其大者作为地埋管换热器设计长度；当两者相差较大时，根据建筑物设计冷、热负荷的具体特点，当地恒温层土壤温度条件，通过经济技术比较，将冷、热负荷差额部分负荷采用辅助冷源（冷却塔）或辅助热源（太阳能集热器、空气源热泵、锅炉等）方式解决。

二、管井设计

地埋管管井设计时应根据地埋管夏季最大排热量、冬季最大吸热量、施工现场面积、拟采用埋管形式及每延米换热量、经济适宜性等，合理布置管井间距，确定钻井深度。其中钻孔间距应满足换热要求，间距宜为 3 ~ 6 m，避免钻井间距过小产生严重热干扰问题，降低系统运行效率。

（1）地埋管换热器安装位置应远离水井及室外排水设施，并宜靠近机房或以机房为中心设置。

（2）管井深度设计，应根据勘察资料，综合考虑第四系厚度、卵石层厚度、地形地貌、最大排热量、最大吸热量、每延米换热量、场地面积等因素，进行技术经济分析，合理确定钻井深度。

（3）钻井口径设计，应根据采用地埋管形式，选择大 1 ~ 2 个规格等级口径进行钻井，以方便下管、回填作业，防止埋管划伤、划破。

(4)管井管材,应根据地下岩土类型、埋管深度、管材承压要求、系统阻力、导热系数、蠕变性能、无污染、无腐蚀和经济合理等因素综合确定。

三、地埋管布置方式及间距

(一)埋管间距

根据实际场地的大小,埋管可在建筑物周围布置成线形、方形、矩形、圆弧形等。但为了防止埋管间的热干扰,应保证埋管距离满足其热半径要求。埋管间距与土壤热物性、系统运行状况、埋管布管形式等因素密切相关。

1.水平地埋管

水平地埋管的埋设间距通常为0.3~0.8 m,原则上应保证各单根换热管周围形成的冻结半径不能相互搭接。敷设密度应考虑所采用的管径大小影响,不能超过周围岩土体的换热能力。

串联连接,管径为31.75~50.8 mm(11/4"~2")时,每沟1管;管径为31.75~38.1 mm(11/4"~11/2")时,每沟2管。

并联连接,管径为25.4~31.75 mm(1"~11/4")时,每沟2管;管径为19.05~25.4 mm(3/4"~1")时,每沟2~6管。

场地受限时,可采用多层敷设将换热管埋设在单个管沟中,以避免大面积开挖。确定管沟之间间距时,每沟1管时,间距宜取为1.2 m;每沟2管时,间距宜取为1.8 m;每沟4管时,间距宜取为3.6 m。

2.垂直埋管

从换热角度分析,埋管间距大时,埋管间热干扰较小,有利于提高换热速率,但需要更大的布管面积。地埋管系统宜根据冷、热负荷较大值进行计算,设置埋管间距,一般工程中U形埋管间距应不小于4~5 m,当工程规模较小,埋管单排布置,地源热泵间歇运行时,埋管间距可取3 m;当工程规模较大,埋管多排布置,地源热泵间歇运行时,间距可取4.5 m;当系统负荷大,连续运行时,埋管间距不宜小于5 m。地源热泵地埋管系统宜根据冷、热负荷进行模拟计算,合理选择埋管间的间距。

(二)布管方式

地埋管布置方式主要分为串联、并联和整体并联加局部串联等方式,如图6-1所示。

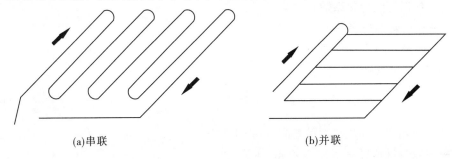

(a)串联   (b)并联

图 6-1 串联与并联埋管示意图

串联连接,整个回路具有单一流通通路,一般管路管径相同且直径较大,由于管道直径大,单管路流量大,故单位长度换热性能高,管内积存的气体容易排出;但管材成本高,管内换热介质和防冻剂添加量大,由于管路压降大,系统总长度不易太长。

并联连接,各回路可采用较小管道,具有管内换热介质和防冻剂量小、管材成本低等优点。其缺点是为排除管内气体需保持较高管内流速;各并联回路长度应保持一致(阻力偏差应小于10%),以保证各回路流量平衡。

当系统较大时可采用整体并联与局部串联相结合的方式,既充分提高各管路的进出口温差,又可保证系统水力平衡。

根据分配管和总管的布置方式,地埋管系统分为同程式和异程式。同程式系统中,流体流过各埋管的流程相同,因此各埋管的流动阻力、流量和换热量比较均匀。异程式系统中流体通过各埋管的流程不同,因此各个埋管的阻力不相同,导致分配给每个埋管的流体流量不均衡,不宜设置调节阀或平衡阀来保证各环路的水力平衡,由于地埋管环路多,各埋管的换热量不均匀,不利于充分发挥埋管系统的换热效果。因此,在实际工程中采用同程式系统较多。在地埋管布管时供、回水环路集管的间距应大于0.6 m,以减少供、回水管路热短路而导致的热量损失。

四、地下换热器设计

(一)竖直地埋管的设计计算

(1)传热介质与U形管内壁的对流换热热阻:

$$R_f = \frac{1}{\pi d_i k_f} \tag{6-1}$$

式中 R_f——传热介质与U形管内壁的对流换热热阻,(m·K)/W;

d_i——U形管的内径,m;

k_f——传热介质与U形管内壁的对流换热系数,W/(m²·K)。

(2)U形管的管壁热阻:

$$R_{pe} = \frac{1}{2\pi\lambda_p}\ln\left[\frac{d_e}{d_e - (d_o - d_i)}\right] \tag{6-2}$$

式中 R_{pe}——U形管的管壁热阻,(m·K)/W;

λ_p——U形管的导热系数;

d_o——U形管的外径,m;

d_e——U形管的当量直径,m。

(3)钻孔灌浆回填材料的热阻:

$$R_b = \frac{1}{2\pi\lambda_b}\ln\left(\frac{d_b}{d_e}\right) \tag{6-3}$$

式中 R_b——钻孔灌浆回填材料的热阻,(m·K)/W;

λ_b——灌浆材料导热系数,W/(m·K);

d_b——钻孔的直径,m。

（4）地层热阻，即从孔壁到无穷远处的热阻：

对于单个钻孔：

$$R_s = \frac{1}{2\pi\lambda_s} I\left(\frac{r_b}{2\sqrt{a\tau}}\right) \tag{6-4}$$

式中　R_s——地层热阻，$(m \cdot K)/W$；

　　　I——指数积分公式，其中 $I(u) = \int_u^\infty \frac{e^{-s}}{s} ds$；

　　　λ_s——岩土体的平均导热系数，$W/(m \cdot K)$；

　　　a——岩土体的热扩散率，m^2/s；

　　　r_b——钻孔的半径，m；

　　　τ——运行时间，s。

（5）短期连续脉冲负荷引起的附加热阻：

$$R_{sp} = \frac{1}{2\pi\lambda_s} I\left(\frac{r_b}{2\sqrt{a\tau_p}}\right) \tag{6-5}$$

式中　R_{sp}——短期连续脉冲负荷引起的附加热阻，$(m \cdot K)/W$；

　　　τ_p——短期脉冲负荷连续运行的时间；

　　　其他符号意义同前。

（6）制冷工况下，竖直地埋管换热器钻孔的长度可按下列公式计算：

$$L_c = \frac{1\,000Q_c\left[R_f + R_{pe} + R_b + R_s F_c + R_{sp}(1 - F_c)\right]}{t_{max} - t_\infty}\left(\frac{EER + 1}{EER}\right) \tag{6-6}$$

$$F_c = T_{c1}/T_{c2} \tag{6-7}$$

式中　Q_c——水源热泵机组的额定冷负荷，kW；

　　　EER——水源热泵机组的制冷性能系数；

　　　t_{max}——制冷工况下，地埋管换热器中传热介质的设计平均温度，通常取 33~36 ℃；

　　　t_∞——埋管区域岩土体的初始温度，℃；

　　　F_c——制冷运行份额；

　　　T_{c1}——一个制冷季中水源热泵机组的运行小时数，当运行时间取 1 个月时，T_{c1} 为最热月水源热泵机组的运行小时数；

　　　T_{c2}——一个制冷季中的小时数，当运行时间取 1 个月时，T_{c2} 为最热月的小时数；

　　　其他符号意义同前。

（7）供热工况下，竖直地埋管换热器钻孔的长度可按下列公式计算：

$$L_h = \frac{1\,000Q_h\left[R_f + R_{pe} + R_b + R_s F_h + R_{sp}(1 - F_h)\right]}{t_\infty - t_{min}}\left(\frac{COP - 1}{COP}\right) \tag{6-8}$$

$$F_h = T_{h1}/T_{h2} \tag{6-9}$$

式中　Q_h——水源热泵机组的额定热负荷，kW；

　　　COP——水源热泵机组的供热性能系数；

　　　t_{min}——供热工况下，地埋管换热器中传热介质的设计平均温度，通常取 -2~6 ℃；

　　　F_h——供热运行份额；

　　　T_{h1}——一个供热季中水源热泵机组的运行小时数，当运行时间取 1 个月时，为最冷

月水源热泵机组的运行小时数;

T_{h2}——一个供热季中的小时数,当运行时间取 1 个月时为最冷月小时数;

其他符号意义同前。

(8)选取制冷工况、供热工况所需钻孔长度较大的钻孔长度作为设计竖直地埋管换热器的钻孔长度 L:

$$L = \max[L_c, L_h] \tag{6-10}$$

(9)每个钻孔深度:

$$H_c = \frac{L_c}{n} \tag{6-11}$$

$$H_h = \frac{L_h}{n} \tag{6-12}$$

式中 L_c——制冷工况下,竖直地埋管换热器钻孔长度,m;

L_h——供热工况下,竖直地埋管换热器钻孔长度,m;

n——根据施工场地情况确定的钻井数量。

(二)竖直地埋管换热器的热阻计算宜符合的要求

地下换热系统是土壤源热泵系统供冷、供热的热源,科学的地下换热系统设计是确保土壤源热泵运行满足设计负荷要求的关键。地下换热系统设计前,首先应确定建筑物供冷、供热和提供生活热水的设计负荷;结合施工现场可用埋管面积合理选择地埋管形式,根据施工现场热物性测试结果,地埋管换热系统设计供、回水温差,地埋管种类计算出的供冷、供热每延米换热量,然后由设计负荷,可使用埋管面积,地埋管供冷、供热每延米换热量最小值计算地埋管长度,根据《地源热泵系统工程技术规范》(GB 50366)相关要求,合理确定地埋管间距、地埋管数量、地埋管埋深和埋管位置。地下换热器设计时应遵循以下要求进行:

(1)地埋管换热系统设计应进行全年动态负荷计算,最小计算周期宜为 1 年。计算周期内,地埋管换热系统总释热量宜与地埋管换热系统总吸热量相平衡;如不平衡,在技术经济合理时,可采用辅助热源或冷却源与地埋管换热器并用调峰,或用来平衡地埋管换热系统总释热量、总吸热量。

(2)地埋管换热器应根据可使用地面面积、工程勘察结果及挖掘成本等因素确定埋管方式。

(3)地埋管换热器设计计算宜根据现场实测岩土体及回填材料热物性参数,采用专用软件进行,对于竖直地埋管可采用竖直地埋管换热器的设计计算方法进行。

(4)地埋管换热器设计时,夏季运行期间,地埋管换热器出口最高温度宜低于 33 ℃;冬季运行期间,不添加防冻剂的地埋管换热器进口最低温度宜高于 4 ℃。

(5)地埋管换热器设计计算时,环路集管不应包括在地埋管换热器长度内。

(6)地埋管换热系统设计时应根据实际选用的传热介质的水力特性进行水力计算,传热介质流体应保持紊流流态流动。

(7)根据地埋管系统换热介质种类、承压能力、系统大小合理选择是否添加板式换热器。

(8)地埋管换热系统宜设置反冲洗系统,冲洗流量宜为工作流量的 2 倍。

五、地埋管水力计算

由于传热介质不同,其摩擦阻力也不同,水力计算应按选用的传热介质的水力特性进行计算。国内已有的塑料管比摩阻(又称单位长度沿程阻力)通常是针对水而言的,对添加防冻剂的水溶液,可根据塑料管的相对粗糙度通过计算图求得比摩阻。给出乙二醇水溶液管路计算图,由流量(kg/h)、平均密度(kg/m³)、摩擦阻力系数(根据雷诺数和相对粗糙度查图而得)和管径查得液体直管比摩阻。建议:地埋管压力损失按照以下方法进行计算。

(1)确定管内流体的流量、公称直径和流体特性。

(2)根据公称直径,确定地埋管的内径。

(3)计算地埋管的横截面面积 A:

$$A = \frac{\pi d_j^2}{4} \qquad (6\text{-}13)$$

式中 A——地埋管的横截面面积,m^2;

$\quad\quad d_j$——地埋管的内径,m。

(4)计算管内流体的流速 v:

$$v = \frac{G}{3\,600A} \qquad (6\text{-}14)$$

式中 v——管内流体的流速,m/s;

$\quad\quad G$——管内流体的流量,m^3。

(5)计算流体内流体的雷诺数 Re,Re 应该大于 2 300 以确保紊流。

$$Re = \frac{\rho v d_j}{\mu} \qquad (6\text{-}15)$$

式中 Re——管内流体的雷诺数;

$\quad\quad \rho$——管内流体的密度,kg/m^3;

$\quad\quad \mu$——管内流体的动力黏度,$N \cdot s/m^2$。

(6)计算管段的沿程阻力 P_y:

$$P_d = 0.158\rho^{0.75}\mu^{0.25}d_j^{1.25}v^{1.75} \qquad (6\text{-}16)$$

$$P_y = P_d L \qquad (6\text{-}17)$$

式中 P_y——计算管段的沿程阻力,Pa;

$\quad\quad P_d$——计算管段单位管长的沿程阻力,Pa/m。

$\quad\quad L$——计算管段的长度,$N \cdot s/m^2$。

(7)计算管段的局部阻力 P_j:

$$P_j = P_d L_j \qquad (6\text{-}18)$$

式中 P_j——计算管段的局部阻力,Pa;

$\quad\quad L_j$——计算管段管件的当量长度,m。

管件的当量长度可按表6-1计算。

(8)计算管段的总阻力 P_z:

$$P_z = P_y + P_j \qquad (6\text{-}19)$$

式中 P_z——计算管段的总阻力,Pa。

表 6-1　管件的当量长度

名义管径		弯头的当量长度（m）				T形三通的当量长度（m）			
		90°标准型	90°长半径型	45°标准型	180°标准型	旁通三通	直流三通	直流三通后缩小1/4	直流三通后缩小1/2
3/8"	DN10	0.4	0.3	0.2	0.7	0.8	0.3	0.4	0.4
1/2"	DN12	0.5	0.3	0.2	0.8	0.9	0.3	0.4	0.5
3/4"	DN20	0.6	0.4	0.3	1.0	1.2	0.3	0.6	0.6
1"	DN25	0.8	0.5	0.4	1.3	1.5	0.5	0.7	0.8
5/4"	DN32	1.0	0.7	0.5	1.7	2.1	0.7	0.9	1.0
3/2"	DN40	1.2	0.8	0.6	1.9	2.4	0.8	1.1	1.2
2"	DN50	1.5	1.0	0.8	2.5	3.1	1.0	1.4	1.5
5/2"	DN63	1.8	1.3	1.0	3.1	3.7	1.3	1.7	1.8
3"	DN75	2.3	1.5	1.2	3.7	4.6	1.5	2.1	2.3
7/2"	DN90	2.7	1.8	1.4	4.6	5.5	1.8	2.4	2.7
4"	DN110	3.1	2.0	1.6	5.2	6.4	2.0	2.7	3.1
5"	DN125	4.0	2.5	2.0	6.4	7.6	2.5	3.7	4.0
6"	DN160	4.9	3.1	2.4	7.6	9.2	3.1	4.3	4.9
8"	DN200	6.1	4.0	3.1	10.1	12.2	4.0	5.5	6.1

六、循环水泵设计

根据地埋管设计循环流量、系统阻力、系统运行特征合理确定循环水泵的流量和扬程，科学进行循环水泵选型，保证循环水泵工作点在高效区运行，确保地下换热系统高效工作。当地埋管换热系统大、阻力较高，且各环路负荷特性相差较大（或压力损失相差悬殊）时，宜考虑采用二次泵系统，二次泵流量、扬程应根据不同环路负荷特征分别设置。在设计中，根据地埋管换热系统水力计算的设计流量 M_{de}、地埋管换热系统环路压力总损失 $\sum \Delta H$，再加上 10%～20% 的富余安全系数后作为循环水泵选型的流量和扬程，即

$$M_p = 1.1 M_{de} \tag{6-20}$$

$$H_p = (1.1 \sim 1.2) \sum \Delta H \tag{6-21}$$

循环水泵设计时应注意以下要求：

（1）循环水泵扬程应能克服地下换热系统最不利环路阻力和换热设备阻力，循环流量满足地下换热系统换热流量要求。

（2）地埋管换热器管内流体应保持紊流流态。

（3）为确保地下换热系统稳定运行，循环水泵宜设置备用泵。

（4）地下换热系统循环水泵宜采用变频水泵，变流量运行可以有效降低系统运行费用，

提高系统节能效果。

（5）对于循环管路较多的地埋管换热系统，应注意并联各管路的水力平衡，确保各环路水量一致。

七、其他设计要点

（1）地埋管换热系统设计前，应明确待埋管区域内各种地下管线的种类、位置及深度，预留未来地下管线所需的地埋管空间及埋管区域进出重型设备的车道位置。

（2）地埋管换热系统设计前，宜在埋管区域钻测试井，进行现场热物性测试，为设计提供准确的岩土热物性参数，以准确计算埋管区域每延米换热量大小。

（3）在供冷、供暖设计前，宜根据施工所在地水文地质资料及土壤源热泵适宜性分析模型进行土壤源热泵系统适宜性分析，防止在土壤源热泵不适宜区域盲目进行土壤源热泵工程，导致项目无法达到设计预期效果，造成经济、环境损失。

（4）地埋管顶部应在施工所在地冻土层 0.4 m 以下，且距地面不宜小于 0.8 m，应合理布置水平地埋管与其他管线，水平管宜设置 0.1% ~0.3% 的坡度。

第七章　地埋管换热系统材料及换热介质

第一节　地埋管换热器管材

一、地埋管换热器管材要求

地埋管换热器是土壤源热泵系统与土壤进行热量交换的换热装置,地埋管换热器被深埋于地下,尤其是竖直地埋管的埋深可达100~150 m,换热介质在埋管内循环流动与周围土壤进行热量交换,由于地埋管换热器施工完成后基本无法维修、更换,同时其高换热性能、较大结构强度要求、特殊使用环境、长使用周期,决定了地埋管换热器应采用化学稳定性好、耐腐蚀、导热系数大、流动阻力小、加工连接方便的塑料管材和管件。目前我国地埋管换热器管材使用较多的是聚乙烯(PE)管(PE80、PE100)或聚丁烯管(PB),其中PE管以导热系数高、价格便宜、连接方便被广泛应用于室外给水工程、燃气工程和地源热泵地埋管换热系统中。

二、PE管

(一)PE管的分类

聚乙烯(polyethylene),简称PE,是由乙烯经聚合反应生成的一种热塑性树脂,由于聚乙烯树脂由单体乙烯聚合而成,在聚合反应时因压力、温度等反应条件不同,可生成不同密度的聚乙烯树脂,因而聚乙烯树脂可分为高密度聚乙烯(HDPE)、中密度聚乙烯(MDPE)和低密度聚乙烯(LDPE),在加工PE管材时,可根据其不同应用条件,选用不同牌号的树脂和相应的挤出机、模具进行不同类型PE管生产。LDPE树脂由于拉伸强度低、耐压差、刚性弱、成型加工尺寸稳定性差、管材连接困难等缺点,不适宜作为生产压力水管的原材料。由于HDPE树脂分子量大、机械性能较好,具有耐酸碱、耐有机溶剂、电绝缘性优良等特点,且HDPE树脂表面硬度、拉伸强度、刚性等机械强度均高于LDPE,低温时,仍能保持一定的韧性等,所以压力管道通常选用HDPE树脂作为生产原材料。

PE材料根据国际统一标准,按最小要求强度(Minimum Required Strength,MRS)可划分为五个等级:PE32级、PE40级、PE63级、PE80级和PE100级,其中MRS指在环境温度为20℃、有效使用年限50年、预测概率97.5%的情况下测得的相应静液压强度,PE80指管材的MRS达到8 MPa,PE100指管材的MRS达到10 MPa。给水系统使用的PE管生产原料为高密度聚乙烯,其等级可分为PE80、PE100两种。在一般操作压力下,使用PE100材料制造的管材,其管壁厚度比其他低等级原材料生产的管壁小。对于大口径输水管,在保证管材使用强度前提下,使用薄壁管可以有效节省管体材料,扩大管道横截面面积,提升管道输送能力,如输送能力恒定,通过增大管材横截面面积可减小管内流速,从而降低管道阻力,有效降低系统运行能耗,节省系统运行费用。

(二)PE 管的性能特点

1.耐腐蚀、耐老化

PE 管道可耐多种化学介质腐蚀,可有效防止土壤中化学物质对管道的腐蚀,聚乙烯是良好的绝缘体,因此不易发生电化学腐蚀。此外,PE 管不促进藻类、细菌、真菌生长,可有效防止生物堵塞。含有 2%～2.5%碳黑的 PE 管道能够在室外露天存放或使用 50 年,具有优异的耐紫外线辐射性能。

2.连接可靠

PE 管可采用电熔或热熔连接,保证接口材质与管体材质的同一性,实现了接头与管材的一体化。试验证实,PE 管接口的抗拉强度高于管材本体,可有效抵抗内压力产生的环向应力和轴向拉伸应力。

3.良好的柔韧性

PE 管具有良好的柔韧性,其断裂伸长率超过 500%,弯曲半径可以小至管径的 20～25 倍,满足了施工中经常移动、弯曲和穿插操作对管材柔韧性要求,工程上可通过改变管道走向的方式绕过障碍物,大大减少了管件用量,降低了安装费用。

4.耐低温

PE 管具有优异的耐低温性能,能在较低安装温度下不发生脆化和脆性断裂。

5.水流阻力小

PE 管具有光滑的内表面,其曼宁系数为 0.009,光滑的表面和非黏附特性使 PE 管较传统管材具有更好的输送性能,有效降低了管路的压力损失和输水能耗。

6.便于运输

PE 管重量较轻,密度仅为钢管的 1/8,同时由于其柔韧性较好,因此对于小管径 PE 管可以采用成盘包装方式运输。

(三)PE 管的选择

地源热泵地埋管通常采用 PE100 级或 PE80 级 PE 管材,其中竖直地埋管宜采用 PE100级,水平地埋管可采用 PE80 级,具体的压力等级应根据工程中地埋管的工作压力来确定。PE80 和 PE100 压力等级比较见表 7-1。

表 7-1　PE80 和 PE100 压力等级比较

管材等级	公称压力(MPa)			
	SDR21	SDR17	SDR13.6	SDR11
PE80	0.6	0.8	1.0	1.25
PE100	0.8	1.0	1.25	1.6

SDR(Standard Dimension Ratio)为标准尺寸比,定义为管道外径与壁厚的比值,通常用来表示管道的壁厚和压力的级别,SDR 越小,表示管道越结实。

地埋管管材、管件应符合现行国家标准《给水用聚乙烯(PE)管材》(GB/T 13663)和《给水用聚乙烯(PE)管道系统　第 2 部分:管件》(GB/T 13663.2)的规定,产品合格证、检测证书齐全;管材和管件上要标明规格、工程压力、生产厂家及商标;包装上应有批号、数量、生产日期和检验代号;管件和管材内外壁应平整、光滑,无气泡、裂口、裂纹、脱皮和明显痕纹、凹陷;管件和管材满足系统承压要求,管材规格尺寸应根据地埋管换热系统水利计算合理选择。

PE80 级和 PE100 级聚乙烯管材规格尺寸见表 7-2、表 7-3。

表 7-2 PE80 级聚乙烯管材规格尺寸

公称外径（mm）	公称壁厚（mm）				
	标准尺寸比				
	SDR26	SDR21	SDR17	SDR13.6	SDR11
	公称压力（MPa）				
	0.4	0.6	0.8	1.0	1.25
25	—	—	—	—	2.3
32	—	—	—	—	3.0
40	—	—	—	—	3.7
50	—	—	—	—	4.6
63	—	—	—	4.7	5.8
75	—	—	4.5	5.6	6.8
90	—	4.3	5.4	6.7	8.2
110	—	5.3	6.6	8.1	10.0
125	—	6.0	7.4	9.2	11.4
160	4.9	7.7	9.5	11.8	14.6
180	5.5	8.6	10.7	13.3	16.4
200	6.2	9.6	11.9	14.7	18.2
225	6.9	10.8	13.4	16.6	20.5
250	7.7	11.9	14.8	18.4	22.7
280	8.6	13.4	16.6	20.6	25.4
315	9.7	15.0	18.7	23.2	28.6

表 7-3 PE100 级聚乙烯管材规格尺寸

公称外径（mm）	公称壁厚（mm）				
	标准尺寸比				
	SDR26	SDR21	SDR17	SDR13.6	SDR11
	公称压力（MPa）				
	0.6	0.8	1.0	1.25	1.6
20	—	—	—	—	2.3
25	—	—	—	—	2.3
32	—	—	—	—	3.0
40	—	—	—	—	3.7
50	—	—	—	—	4.6
63	—	—	—	4.7	5.8

公称外径（mm）	公称壁厚（mm）				
	标准尺寸比				
	SDR26	SDR21	SDR17	SDR13.6	SDR11
	公称压力（MPa）				
	0.6	0.8	1.0	1.25	1.6
75	—	—	4.5	5.6	6.8
90	—	4.3	5.4	6.7	8.2
110	4.2	5.3	6.6	8.1	10.0
125	4.8	6.0	7.4	9.2	11.4
160	6.2	7.7	9.5	11.8	14.6
180	6.9	8.6	10.7	13.3	16.4
200	7.7	9.6	11.9	14.7	18.2
225	8.6	10.8	13.4	16.6	20.5
250	9.6	11.9	14.8	18.4	22.7
280	10.7	13.4	16.6	20.6	25.4
315	12.1	15.0	18.7	23.2	28.6

三、PB 管

（一）PB 管的分类

聚丁烯（polybutene），简称 PB，是一种高分子惰性聚合物，PB 树脂是由丁烯 -1 合成的高分子综合体，密度为 0.93 kg/m³，它具有很高的耐温性、持久性、化学稳定性和可塑性，无味、无毒、无嗅，温度适用范围是 -30 ~ 100 ℃，具有耐寒、耐热、耐压、不生锈、不腐蚀、不结垢、寿命长（可达 50 ~ 100 年）、抗老化等特点。目前 PB 管材主要应用于地板采暖中，管材按尺寸分为 S10、S8、S6.3、S5、S4、S3.2 六个管系列。

（二）PB 管的性能特点

1. 耐磨性能好

PB 管材在 82 ℃的高温下具有长期的持久力。在 23 ℃时，PB 管比 PE 管的耐磨性高出 2.6 倍；在 82 ℃时，PB 管比 PE 管的耐压性能高出 60 倍。

2. 极强的抗温度应力能力

以同样直径 32 mm、长 10 m、温差 50 ℃的管材做膨胀力的试验，聚丁烯为 48 kg，聚丙烯为 178 kg，交联聚乙烯为 253 kg，聚氯乙烯为 310 kg，铜为 15 kg，钢为 2 050 kg。

3. 蠕变性能极佳

PB 管在挤压成型过程中，部分晶状的聚烯烃会生成不同的晶体形状，在冷却时，先生成半稳定性的晶体形状，然后过渡到稳定的形状，结晶度在这个过程中由 25% 提高到 50%。因此，PB 管对应力裂纹具有很大的抵抗能力，这使得管道连接部位的拉伸强度和密封压力不会随时间增加而减弱，由于聚丁烯（PB）抗蠕变强度的作用，随着时间的增加，管道在变形时引起的应力变化较小，从而保持管道固定部位具有良好的抗热伸缩性。

4. 氧化稳定性好（抗老化性能好）

PB 管是一种高分子惰性聚合物材料，具有很高的化学稳定性。微生物不能寄生滋长，通过氧化诱导试验（OIT 试验），即将管材置于 220 ℃的氧气流中，PB 管的稳定时间可达 35.78 min，PB 管是符合卫生标准的饮用水给水塑料管材。

5. 保温效果好

PB 管导热系数仅为钢管的 1/250、铜管的 1/1 700，保温、保冷效果好，符合冷、热供水及供暖保温的需求，因此适用于冷热供水及供暖之用。

6. 耐压效果好

根据德国 DIN16989 测定，PB 管具有极高的耐压能力：当采用管径为 16 mm 管材时 PB 管、铝塑复合管、交联聚乙烯管承压可达 1.0 MPa，PPR 承压可达 0.6 MPa；而对于 20 mm 的管材，PB 管承压可达 1.0 MPa，铝塑复合管、交联聚乙烯管承压可达 0.8 MPa，PPR 承压可达 0.6 MPa。在塑料管中，PB 管耐压能力强，可以具有很大的 SDR 值，与外径尺寸相同的其他塑料管相比，PB 管具有内径大的优点，使液体具有良好的流动性和相对大的流量。

（三）PB 管的规格型号

PB 管 S 系列压力等级及外径尺寸、公称壁厚参见表 7-4、表 7-5。

表 7-4　PB 管 S 系列压力等级

压力级别	公称压力（MPa）				
	SDR10	SDR8	SDR6.3	SDR5	SDR4
1	0.4	0.4	0.4	0.4	0.4
2	0.4	0.6	0.8	1.0	—
4	0.4	0.6	0.8	1.0	—
5	0.4	—	0.6	0.8	1.0

表 7-5　PB 管外径尺寸及公称壁厚

公称外径 （mm）	公称壁厚（mm）					
	标准尺寸比					
	SDR10	SDR8	SDR6.3	SDR5	SDR4	SDR3.2
12	1.3	1.3	1.3	1.3	1.4	1.7
16	1.3	1.3	1.3	1.5	1.8	2.2
20	1.3	1.3	1.5	1.9	2.3	2.8
25	1.3	1.5	1.9	2.3	2.8	3.5
32	1.6	1.9	2.4	2.9	3.6	4.4
40	2.0	2.4	3.0	3.7	4.5	5.5
50	2.4	3.0	3.7	4.6	5.6	6.9
63	3.0	3.8	4.7	5.8	7.1	8.6
75	3.6	4.5	5.6	6.8	8.4	10.3
90	4.3	5.4	6.7	8.2	10.1	12.3
110	5.3	6.6	8.1	10.0	12.3	15.1
125	6.0	7.4	9.2	11.4	14.0	17.1
140	6.7	8.3	10.3	12.7	15.7	19.2
160	7.7	9.5	11.8	14.6	17.9	21.9

四、地埋管切割

根据管路安装需要的尺寸、形状，需要将成捆供货的管件切成管段，切断是加工的一道重要程序，切断过程常被称为"下料"。当管材管径≤De50时，可采用旋转切刀切割，断口处，管口内缩颈部分应采用扩孔锥刀，或用圆锉消除管口内倒角，也可以用专用管剪切断，管剪刀片卡口应调整到与所剪管径相符，均匀用力，断口处应用配套整圆器整圆；当管材管径＞De50时，应采用钢锯或电动锯手工切割。

五、地埋管连接方法

PE管、PB管连接采用热熔连接、电熔连接和机械连接，不同的连接方式需要采用相关连接专用工具进行，参照《地埋聚乙烯给水管道工程技术规程》(CJJ 101)，不同连接方式与适用管径见表7-6，连接管道、管件宜采用同种材质、同种牌号级别、压力等级相同的管道、管件；不同牌号的管材、附件之间的连接应经过试验，检查连接质量能否满足强度要求；连接时禁止明火加热。管道、管件存放处与施工现场如果温差较大，连接前应将管道、管件在施工现场放置一段时间，使其温度接近施工现场温度；管道连接后，应及时检查接头外观质量，如不合格需返工重焊，管路焊接完成后应进行压力试验、泄漏试验。

表7-6　PE管连接方式与适用管径

序号	连接方式		适用管径
1	热熔连接	热熔承插连接	DN32～DN110
		热熔对接连接	≥De63
2	电熔连接		DN32～DN315
3	机械连接	锁紧性	DN32～DN315
		非锁紧性	DN90～DN315

（一）热熔连接

热熔连接指采用专用加热工具，加热连接部位使管材熔融后，施压连接成一体的连接方式。热熔连接可分为热熔承插连接和热熔对接连接两种方式。热熔承插连接指将管材插口外表面和管件承口内表面使用热熔承插式加热工具加热熔融后连接成一体的连接方法；热熔对接连接指将待连接PE管道界面，利用加热板加热熔融后相互融合，经冷却固定而连接成一体的连接方法。

热熔连接工具的温度控制应精确，加热面温度分布应均匀，加热面结构应符合焊接工艺要求。热熔连接加热时间、加热温度和施加的压力以及保压、冷却时间，应符合热熔连接工具生产厂家和焊接管材、管件以及管道附件生产厂家的规定，在冷却保压期间不得移动连接件或在连接件上施加外力。热熔连接技术要求见表7-7。

1. 热熔承插连接

在热熔承插连接中，将两个需要连接的管道管端部分别与承接管段端部使用热熔承插式加热工具加热熔化；公称外径大于或等于63 mm的管道热熔承插连接，应采用机械装置的热熔承插连接，并校直两对应的待连接件，使其在同一轴线上。公称外径小于63 mm的管道热熔连接,在整圆工具配合下,可采用手动热熔承插连接。

表7-7 热熔连接技术要求

管径	熔接深度(mm)	加热时间(s)	加工时间(s)	冷却时间(min)
De20	14	5	4	3
De25	16	7	4	3
De32	20	8	4	4
De40	21	12	6	4
De50	22.5	18	6	5
De63	24	24	6	6

注:若环境温度小于5℃,加热时间应延长50%;若环境温度小于3℃,不应施工。

热熔承插连接施工方法如下:

(1)将管材插口端外部进行倒角,倒角角度不宜大于30°,倒角后,管段壁厚应为管材表面坡口长度不大于4 mm。

(2)应测量承口长度,在管材插入端标出插入长度,刮除插入段表皮。

(3)用洁净棉布擦净管材、管件待连接表面的污物。

(4)用热熔承插连接工具加热管材插口外表面和管件承插口内表面,加热时间、加热温度应满足管材热熔温度要求。

(5)加热完毕后,将待连接件沿连接轴线从承插连接焊机中迅速拔出,检查待连接件加热面是否有损伤,熔化是否均匀;然后用均匀外力将管材插入端插入管件承口内至管材插入标记位置,使承口端部形成均匀凸缘。

2. 热熔对接连接

热熔对接连接是将聚乙烯管端界面,利用加热板加热熔融后相互对接融合,经冷却固定连接在一起的方法。通常采用热熔电焊机来加热管端,使其熔化,迅速将其贴合,保持有一定的压力,经冷却达到熔接的目的。各尺寸的聚乙烯管均可采取热熔对接方式连接,但公称直径小于63 mm的管材推荐采用电熔连接。热熔对接连接经济可靠,焊接接口的承拉、承压强度应不低于管材本身。对接焊接管段应管材一致,宜采用同一厂家配套管材、管件;对接管段外径、壁厚应一致;焊接管材、管件内外表面应光滑平整,无异状;按焊接工艺参数加热加热板温度至焊接温度;自动焊机应设置加热时间、冷却时间等参数。

热熔对接连接施工方法如下:

(1)对接焊机调试完成后,把待接管材置于焊机夹具上并夹紧。

(2)热熔对接连接前,应将两待连接管的连接端伸出焊机夹具一定自由长度,并校直两对应的待连接件,使其在同一轴线上,错边不宜大于壁厚的10%。

(3)管材、管件以及管道附件连接面上的污物应使用洁净棉布擦净。

(4)待连接件的断面应使用热熔对接连接工具加热。

(5)加热完毕,待连接件应迅速脱离加热工具,检查待连接件的加热面熔化的均匀性、是否有损伤;然后用均匀外力使连接面完全接触,并翻边形成均匀一致的凸缘,凸缘高度、宽度应符合有关规定。

(二)电熔连接

电熔连接是将管材或管件的连接部位插入内埋电阻丝的专用电熔管件内,通电加热使连接部位熔融,连接成一体的连接方式。电熔连接过程中,电熔连接机具输出电流、电压应稳定,并符合电熔连接工艺要求;电熔连接机具与电熔管件应正确连通,连接时通电加热的电压和加热时间应符合电熔焊机说明书和电熔管件生产厂家的相关规定;电熔连接冷却期间,不得移动连接件或在连接件上施加外力。对接管段均应材质一致,同时应尽量采用同一厂配套材料;对接管段外径、壁厚应一致,误差在许可范围内;待焊管材和管件的内外表面应光滑平整,无异状;对接管段均应具有与焊机匹配的良好的加工与焊接性能。在寒冷天气、大风环境下焊接时,应采取保护措施。

电熔承插连接施工方法如下:

(1)测量管件承口长度,并在管材插入端标出插入长度标记。

(2)用专用工具刮除插入端表皮。

(3)用洁净棉布擦净管材、管件连接面上的污物。

(4)将管材插入管件承口至标记长度位置。

(5)通电前,校直两对应的待连接件,使其在同一轴线上,用整圆工具保持管材插入端的圆度。

(6)通电熔接,待信号眼内有熔体流出。

(7)断电冷却,电熔连接冷却期间,不得移动连接件或在连接件上施加任何外力。

(三)钢塑过渡连接

聚乙烯管道在和钢管及阀门连接时采用钢塑过渡接头连接和钢塑法兰连接。对于口径小于 63 mm 的聚乙烯管,一般采用一体式钢塑过渡接头连接;对于口径大于 63 mm 的聚乙烯管,一般采用钢塑法兰连接。

1. 钢塑过渡接头连接

钢塑过渡接头的聚乙烯管端与聚乙烯管道连接按热熔或电熔连接方法连接。钢塑过渡接头钢管端与金属管道连接应符合相应的钢管焊接、法兰连接以及机械连接的规定。公称直径大于等于 110 mm 的塑料管与管径大于等于 100 mm 的金属管连接时,可采用人字形柔性接口配件,配件两端的密封胶圈应分别与塑料管和金属管相配套。钢塑过渡接头钢管端与钢管焊接时,应采取降温措施,严格防止焊接温度对钢塑过渡接头的塑料端产生影响。

2. 钢塑法兰连接

聚乙烯管端与相应塑料法兰连接时,按热熔或电熔连接方法连接。钢管端与金属管连接,应符合相应的钢管焊接、法兰连接以及机械连接的规定。聚乙烯管与金属管间的法兰连接常采用聚乙烯管端法兰盘(背压活套法兰)连接,应先将法兰盘套入待连接管件平口端与管道按热熔或电熔连接的要求进行连接。

两对接法兰盘上螺孔应对中,法兰面相互平行,螺孔与螺栓直径应配套,螺栓长短应一致,螺帽应在法兰同一侧,紧固法兰盘上螺栓时应按对称顺序依次均匀紧固,螺栓拧紧后宜伸出螺帽 1~3 丝扣。法兰盘宜采用钢质法兰,并经过防腐处理。

聚乙烯管和金属管、阀门连接时,规格尺寸应相互配套,《地埋聚乙烯给水管道工程技术规程》(CJJ 101)给出的规格配套关系见表7-8。

表 7-8 常用规格的聚乙烯和金属管、管件口径配套关系 （单位:mm）

聚乙烯管 公称外径 De	32	40	50	63	75	90	110	160	200	315	400	450	500
阀门、金属管 公称内径 DN	25	32	40	50	65	80	100	150	200	300	350	400	450

六、地埋管管材及管件运输及储存

管材、管件在运输、装卸和搬运时,应小心轻放,排放整齐,避免油污,不能受到剧烈碰撞和尖锐物体的冲击,避免抛、摔、滚、拖,长距离运输宜采用支撑架,成捆排列,整齐运输;管材与车辆应固定牢固,运输时不得松动。

管材直管堆放高度应小于等于 1.5 m,带承口管材应使承口、插口两端交替排列放置,管件应码放整齐,堆放场地或库房应放置灭火器具。管材储存时间不宜大于 1 年,管材出库应遵守"先进先出"原则,减少管材、管件库存时间。管材、管件在施工现场露天堆放时,应使用篷布覆盖,禁止在阳光下暴晒。

第二节　地埋管换热器传热介质

地埋管换热器大多选用水为传热介质,根据工程需要也可选用符合下列要求的其他介质作为地埋管换热侧传热介质:

(1)安全性高、腐蚀性小,换热介质应与地埋管管材无化学反应。

(2)换热介质应具有较低的凝固温度。

(3)换热介质应具有良好的传热性能和较低的摩擦阻力。

(4)换热介质应易于购买,对环境无污染。

目前常见传热介质有水、氯化钠溶液、氯化钙溶液、乙二醇溶液、丙醇溶液、丙二醇溶液、甲醇溶液、乙醇溶液、醋酸钾溶液及碳酸钾溶液。

在传热介质(水)有可能冻结的场合,传热介质应添加防冻液,应在充注阀处注明防冻液的类型、浓度及有效期。地埋管换热系统的金属部件应与防冻液兼容,这些金属部件包括循环泵及其法兰、金属管道、传感部件等与防冻液接触的所有金属部件。选择防冻液时,应同时考虑防冻液对管道、管件的腐蚀性,防冻液的安全性、经济性及其对换热的影响。

选择防冻液时,应充分考虑冰点、周围环境影响、费用、可用性、热传导、压降特征与地埋管换热材料相容性等因素。表 7-9 给出了不同防冻液特性的相关参数。

应当指出的是,由于防冻液的密度、黏度、比热容、传热系数与水具有很大差异,加入防冻液将影响换热介质在冷凝器(制冷工况)和蒸发器(制热工况)内的换热效果。当选用氯化钠、氯化钙等盐类或者乙二醇作为防冻液时,换热介质对流均会随防冻液浓度增大而减小,随着防冻液浓度增大,循环水泵功耗量和防冻剂费用将提高,因此在满足防冻要求的前提下,应采用较低浓度防冻液,应保证防冻液凝固温度比换热介质凝固温度高 8 ℃。

表 7-9 地埋管常用防冻液性能

防冻液	传热能力(%)	泵的功率(%)	腐蚀性	有无毒性	对环境的影响
氯化钙	120	140	不能用于不锈钢、铝、低碳钢、锌或锌焊接管等	粉尘刺激皮肤、眼睛,若不慎泄漏,地下水会由于污染而不能饮用	影响地下水质
乙醇	80	110	必须使用防蚀剂将腐蚀性降低到最低程度	蒸气会烧痛喉咙和眼睛。过多的摄取会引起疾病,长期的暴露会加剧对肝脏的损害	不详
乙烯基乙二醇	90	125	必须采用防蚀剂,保护低碳钢、铸铁、铝和焊接材料	刺激皮肤、眼睛,少量摄入毒性不大,过多或长期的暴露则可能有危害	与 CO_2 和 H_2O 结合会引起分解,会产生不稳定的有机酸
甲醇	100	100	须采用杀虫剂来防止污染	若不慎吸入、皮肤接触、摄入,毒性很大,这种危害可能积累,长期暴露是有害的	可分解成 CO_2 和 H_2O,会产生不稳定的有机酸
醋酸钠	85	115	须采用防锈剂来保护铝和碳钢,由于其表面张力较低,需防止泄漏	对眼睛或皮肤可能有刺激作用,相对无毒	同甲醇
碳酸钠	110	130	对低碳钢、铜采用防蚀剂,对锌、锡或青铜则不须保护	具有腐蚀性,在处理时可能产生危害,人员应避免长期接触	形成碳酸盐沉淀物,对环境无污染
丙烯基乙二醇	70	135	须采用防蚀剂来保护铸铁	一般认为无毒	同乙烯基乙二醇
氯化钠	110	120	对低碳钢、铜和铝无须采用防蚀剂	粉尘刺激皮肤或眼睛,若不慎泄漏,地下水可能会由于污染而不能饮用	由于溶解度较高,其扩散较快,流动快,对地下水有不利影响

第三节　地埋管回填材料

一、回填材料的性能要求

地埋管回填材料是介于地埋管换热器的地埋管与钻孔壁之间的物质,如图 7-1 所示,用来增强地埋管与钻孔周围孔壁的换热;防止地表水通过钻孔向地下渗透,保护地下水不受地表污染物污染,并防止不同含水层地下水交叉污染。回填材料不仅需要具备良好的导热性、流动性、力学性能(抗渗性、抗压强度、黏结性以及适当的膨胀性)和施工性能等特性,而且应对环境无污染,具有很好的经济性。合理选择回填材料、正确回填施工对保证地埋管换热效果具有重要意义。

地源热泵地埋管回填材料的主要作用为:

(1)传热。回填材料是地埋管与周围孔壁热量交换的传热介质,将地下可利用的浅层地热能传递到换热器中,使浅层地热能得以应用。

(2)固结。将地埋管下入钻孔中,需使用回填材料将U形管换热器固结在钻孔内。

(3)封孔。回填材料可以将钻孔密封,防止地表水通过钻孔向地下渗透,保护地下水不受地表污染物的污染,并防止不同含水层之间地下水渗透产生化学污染。

正确回填地埋管可以最大限度发挥回填材料在钻孔中的作用,但在现场施工过程中,回填材料本身以及现场施工人员的操作等问题,可导致一些不良的回填情况,图7-2为不理想回填效果图,图7-3为理想回填效果示意图。

地源热泵地埋管换热器钻孔回填材料应具有优良的导热性能、力学性能、施工性能。

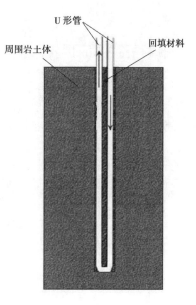

图7-1 地埋管换热器回填

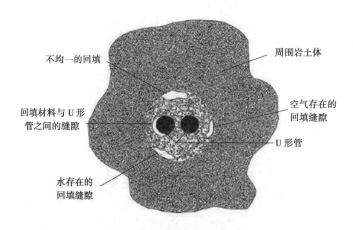

图7-2 不理想回填效果图

（一）导热性能

导热性能是地源热泵回填材料一项最基本的性能,土壤热量通过U形管内介质将地下低品位地热能转化为可供用户使用的高品位地热能,提高回填材料导热系数可以直接降低传热介质的热阻,提高传热效率,因此导热性能良好的回填材料可以使地埋管的钻孔深度和数量相应减少,从而降低地埋管换热系统的工程造价。

在实际运行过程中,由于地埋管进、出口管内流动介质温度不同,地埋管进、出口管之间不可避免会通过回填孔发生热短路,直接影响地埋管回路的吸(放)热能力。因此,回填料的导热系数并非越高越好,建议回填材料导热系数稍高于钻井周围岩土层导热系数,这样不会因回填孔热阻过大影响换热效果,可以合理控制热短路损失量。

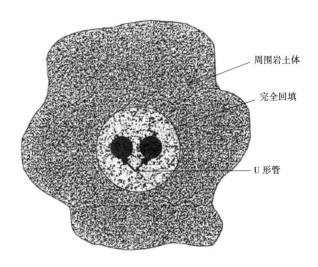

周围岩土体

完全回填

U形管

图7-3　理想回填效果图

（二）力学性能

回填材料的力学性能包括膨胀性、黏结性、抗压强度、抗渗性等参数指标。回填材料不仅是换热介质，同时还是很好的封孔材料。回填材料必须有足够的强度来固定U形地埋管。材料回填的目的是密封埋入U形管的钻孔，因此要求回填后具有良好的密封性及较低的渗透性，避免地表水对地下水的污染以及地下不同含水层之间的交叉污染。通常回填材料的强度越大，材料越密实，抗渗性能也越好，回填材料的黏结性体现了回填材料与周围地层及地埋管的黏结程度，回填材料的黏结性越好，其传热换热效果越好。

1．膨胀性

通常水泥基料的回填材料在干燥失水后会发生收缩、龟裂，导致回填料与钻孔孔壁、地埋管之间产生缝隙，造成回填料与钻孔孔壁、地埋管接触面之间接触热阻加大，影响换热效果，增加回填材料间的渗透性。具有一定膨胀性的回填材料在封孔后，其自身的膨胀性可以使地埋管换热器与周围地层密实接触，避免因回填材料失水收缩造成的管壁与回填材料之间的空隙，减小接触热阻，保证良好的换热效果。

2．黏结性

地源热泵回填材料的黏结性体现了回填材料与周围地层及地埋管的黏结程度，回填材料良好的黏结性能可以减少钻孔内空隙，提高回填材料换热性能，同时良好的黏结性能可以提高回填质量。

3．抗压强度和抗渗性

回填材料的作用之一就是密封埋入U形管的钻孔，因此回填材料应具有良好的密封性，如果钻孔密封性差，就会容易导致地下水受到地表水或其他蓄水层的污染。回填材料的抗压强度在一定程度上反映了其密实程度及抗渗性能，强度越大，密实程度就越好。

（三）施工性能

回填材料的施工性能指回填材料在拌和过程中保持组分均匀、易于运输、浇筑、捣实、成型的性能，回填材料在施工过程中还应具有良好的流动性（稠度）和保水性，流动性是指砂浆拌和物在自重或外力作用下，能产生流动并均匀、密实地充满模型的能力，它反映了现场施工的难易程度。从物理学角度来讲，水泥砂浆的流动性是指在外力作用下克服水泥砂浆内部粒子间相互作用而产生变形的性能,粒子间相互作用力越小,则流动性越大;从流变学的观点看,浆体的流动性可用屈服应力来表征,屈服应力越小,表明流动性越大,流动性好的回填材料可以充满埋管换热器与钻孔之间的空隙,使 U 形管换热器与周围地层有良好的接触,减小接触热阻,增强换热效果。当回填材料密实地填充在地源热泵换热器钻孔中时,对 U 形管换热器也起到了一个良好的固定作用,而保水性好的回填材料在施工过程中则不易产生严重的泌水现象。

二、回填材料常用成分

(一)水泥

水泥具有强度高、抗渗性好等优点,可以很好地将地埋管与周围孔壁黏结起来,水泥的这些特性非常适合地源热泵回填材料的性能要求。相关地源热泵回填材料研究表明,水泥基回填材料较膨润土基回填材料具有更好的导热性,所以水泥基回填材料广泛使用在土壤源热泵实际工程中。

(二)石英砂

石英砂是一种坚硬、耐磨、化学性能稳定的硅酸盐矿物,其主要矿物成分是 SiO_2。石英砂具有取材方便、成本低、施工性能好等特点,又因其具有良好的传热性能,可以有效改善回填材料的导热性能。但受到可泵性的影响,石英砂的颗粒直径不宜过大。

(三)膨润土

膨润土是以蒙脱石为主要成分的黏土,具有良好的膨胀性、吸附性、造浆性等特性。膨润土掺入回填材料中可以很好凝聚石英砂,减小钻孔回填空隙。

(四)减水剂

混凝土减水剂又称塑化剂或水泥分散剂,是在不影响和易性的条件下能使给定混凝土的拌和用水量减少,在不影响用水量的条件下能使混凝土拌和物的和易性增加,或同时具有以上两种作用。按照我国混凝土外加剂标准规定,减水率等于或大于 5% 的减水剂称为普通减水剂或塑化剂;减水率等于或大于 10% 的减水剂则称为高效减水剂或超塑化剂(也称流化剂)。实际上,现有的高效减水剂的减水率远大于 10% 。

减水剂可达到的效果包括:增加流动性;提高混凝土强度;节约水泥;改善混凝土的耐久性。此外,掺用减水剂后,还可以改善混凝土拌和物的泌水、离析现象,延缓混凝土拌和物的凝结时间,减慢水泥水化放热速度和配制特种混凝土。减水剂的以上特性同样适用于水泥砂浆。减水剂的加入可以改善回填材料的含水率、强度、耐久性的要求。

目前,在工程中应用的减水剂的种类有很多种,按照减水剂的形态可分为液态减水剂和粉状减水剂两类。试验表明,在相同掺量的条件下,液态减水剂的减水率稍高于固态减水剂,减水率约高 5% 。其原因是固态减水剂的分子呈缠绕形结构,而减水剂在水中 1 d 后,其分子呈直锁形结构,由于直锁形结构在溶液中较为舒展,吸附在水泥颗粒上时所起的分散效果更为明显。

(五)膨胀剂

膨胀剂是一种可以通过理化反应引起体积膨胀的材料,膨胀剂按膨胀源的化学成分分为硫铝酸钙类膨胀剂(英文名缩写有 UEA、CSA 等)、铝酸钙类膨胀剂(英文名缩写为 AEA)、氧化钙类膨胀剂、氧化镁类膨胀剂等。目前以硫铝酸钙类膨胀剂和铝酸钙类膨胀剂应用较为广泛,其中硫铝酸钙类膨胀剂 UEA 系列占膨胀剂总量的 80%。膨胀剂的加入可以减少回填材料的失水收缩率,使回填材料与 U 形管和周围地层有较好的接触,相对也抵消了 U 形管内的静压力。

三、回填材料的选择

回填材料的主要作用是使地埋管与钻孔周围孔壁紧密结合,将埋管内传热介质热量传递给周围地层,回填材料要求有良好的热传导率、较高的渗水率,保证地埋管周围有较高的含湿量和热传导率。但回填材料热阻是地埋管换热系统换热阻力的一部分,其换热阻力相比于无限大的岩土层阻力比重较小,地埋管吸、释放热量需"克服"数十米厚岩层向四周传递,故回填材料导热性能提高到一定程度后,对提高换热系统整体换热能力的贡献逐渐下降,过大的回填材料导热系数常常导致地埋管进、出管热短路,但回填材料导热系数应大于埋管处岩土层综合导热系数,且两者不宜相差过大。

选择回填材料时需要充分考虑土壤结构和水文地质条件合理选择回填材料,在实际工程中常用的回填材料主要为水泥浆、膨胀土及聚合物膏剂等。钻孔时如果取出的泥浆凝固后收缩量较小,可以用作回填材料原浆回填;如收缩量过大,原浆回填凝固后易形成大量缝隙,不宜原浆回填;在黏土含量较小的砂质砾岩、砂质粉砂的地方,可渗入膨胀土(3% ~5%);在黏土含量较大的黏性松散岩地区,可渗入地质细硅砂和部分小豆石混合搅拌成颗粒状胶溶体;在密实的岩土地质条件下可选择水泥基回填材料,防止孔隙水因冻结膨胀而导致管道被挤压节流;在地下水丰富地区可选择膨润土加细砂回填材料(膨润土比例宜为4% ~6%)进行回填,可降低回填对地下径流的影响,地下径流可有效提高地下换热效果,不宜采用水泥基料回填。灌注井孔后,经沉积、压实,胶溶体与原地质结构紧密地胶结在一起,保持了较高的热传导性能,有利于传热。几种典型土壤、岩石及回填料的热物性参数见表 7-10。

表 7-10　几种典型土壤、岩石及回填料的热物性

项目		导热系数 k_s (W/(m·K))	扩散率 $a \times 10^{-6}$ (m²/s)	密度 ρ (kg/m³)
土壤	致密黏土(含水量 15%)	1.4 ~ 1.9	0.49 ~ 0.71	1 925
	致密黏土(含水量 5%)	1.0 ~ 1.4	0.54 ~ 0.71	1 925
	轻质黏土(含水量 15%)	0.7 ~ 1.0	0.54 ~ 0.64	1 285
	轻质黏土(含水量 5%)	0.5 ~ 0.9	0.65	1 285
	致密砂土(含水量 15%)	2.8 ~ 3.8	0.97 ~ 1.27	1 925
	致密砂土(含水量 5%)	2.1 ~ 2.3	1.10 ~ 1.62	1 925
	轻质砂土(含水量 15%)	1.0 ~ 2.1	0.54 ~ 1.08	1 285
	轻质砂土(含水量 5%)	0.9 ~ 1.9	0.64 ~ 1.39	1 285

项目		导热系数 k_s (W/(m·K))	扩散率 $a \times 10^{-6}$ (m²/s)	密度 ρ (kg/m³)
岩石	花岗岩	2.3~3.7	0.97~1.51	2 650
	石灰石	2.4~3.8	0.97~1.51	2 400~2 800
	砂岩	2.1~3.5	0.75~1.27	2 570~2 730
	湿页岩	1.4~2.4	0.75~0.97	—
	干页岩	1.0~2.1	0.64~0.86	—
回填料	膨润土(含有20%~30%的固体)	0.73~0.75	—	—
	含有20%膨润土、80%SiO₂ 砂子的混合物	1.47~1.64	—	—
	含有15%膨润土、85%SiO₂ 砂子的混合物	1.00~1.10	—	—
	含有10%膨润土、90%SiO₂ 砂子的混合物	2.08~2.42	—	—
	含有30%混凝土、70%SiO₂ 砂子的混合物	2.08~2.42	—	—

第八章　地埋管换热系统施工工艺

第一节　竖直地埋管施工工艺

一、施工机具

(一)竖直管井钻井机具

在土壤源热泵地下换热系统施工中,钻机是完成钻孔施工的主要施工设备,钻机通过带动钻具、钻头向地层深部钻进,完成钻孔工作。钻机按钻进方法不同主要分为以下三类:

(1)冲击式钻机,利用钻头凿刃,周期性地对孔底岩石进行冲击,使岩石受到突然集中冲击载荷而破碎。当孔底岩石粉达到一定数量后,应提起钻头,用专门工具将岩粉捞出清除,然后再下入钻头继续冲击,如此反复地进行冲击、捞砂,以加深钻孔。

(2)回转式钻机,利用钻头在轴向压力和水平回转力同时作用下,在孔底以切削、压皱、压碎和剪切等方式粉碎岩石,被粉碎的岩屑、岩粉随冷却钻头的冲洗液及时带出孔外,孔深随钻进时间延长而增加。

(3)复合式钻机,是利用振动、冲击、回转、静压等功能以不同组合方式,复合钻进的钻机。

地埋管换热器孔距一般为 3 ~ 6 m,埋深一般为 60 ~ 200 m,这一深度范围的岩土大多为松软、松散、软硬不均的第四纪地层(黏土、粉砂、粗砂、砂砾、卵石)以及风化基岩。钻井现场岩层的复杂结构、岩石性质、设计孔深、孔径等因素直接影响着钻进方法、钻机的选择,从而影响钻速和钻井成本。岩石可钻性是岩石抵抗破碎的能力,即在一定钻头规格、类型及钻井工艺条件下,岩石抵抗钻头破碎的能力。岩石可钻性是岩石在钻进过程中显示的综合性指标,它取决于多种因素,其中包括岩石自身的物理力学性能以及破碎岩石的工艺技术措施。岩石的物理力学性能主要包括岩石的硬度(或强度)、弹性、脆性、塑性、颗粒及颗粒的连接性质;岩石的工艺技术措施包括破岩工具的结构特点、工具对岩石的作用方式、荷载或力的性质、破岩能量大小、空隙岩屑的排除情况等。岩石可钻性是确定钻头工作参数、预测钻头工作指标的基础。表 8-1 为 1958 年中国地质部颁布的岩芯钻探岩石可钻性十二级分级表,此表是采用岩芯钻探方法,在规定的设备、工具和技术规程的条件下以实际钻进的大量统计分析资料为定级基础,岩石可钻性等级可参照此表查取。

表 8-1　岩芯钻探岩石可钻性十二级分级表

级别	硬度	代表性岩石	普氏坚固系数	可钻性（m/h）	一次提钻长度（m/回次）
1	松软、疏散的	次生黄土、次生红土、泥质土壤,松软的砂质土壤(不含石子及角砾)、冲击砂土层、硅藻土、泥炭质腐殖质层(不含植物根)	0.31 ~ 1	7.50	2.80
2	较松、疏散的	黄土层、红土层、松软的泥灰层。含有10% ~ 20%砾石的黏土质及砂质涂层、砂质黄土层、松软的高岭土类(包括矿层中的黏土层)、泥炭及腐殖质层(带有植物根)	1 ~ 2	4.00	2.40
3	软的	全部风化变质的页岩、板岩、千枚岩、片岩,轻微胶结的砂层。含有超过20%砾石(大约3 cm)的砂质土壤及超过20%的砂姜黄土层。泥灰层、石膏质土壤、滑石片岩、软白。贝壳石灰石、褐煤、烟煤、较软的锰矿	2 ~ 4	2.45	2.00
4	较软的	砂质页岩、油页岩、灰质页岩、含锰页岩、钙质页岩及砂质页岩互层,较致密的泥灰岩、泥质砂岩、块状石灰岩、白云岩,风化剧烈的橄榄岩、纯橄榄岩、蛇纹岩、铝矾土菱镁矿、滑石化蛇纹岩、磷块岩(磷灰岩)、中等硬度煤层、岩土、钾土、结晶石膏、无水石膏、高岭土层、褐铁矿(包括疏松的铁帽)、冻结的含水砂层、火山凝灰岩	4 ~ 6	1.60	1.70
5	稍硬的	卵石、碎石及砾石层、崩积层、泥质板岩、绢云母绿岩石板岩、千枚岩、片岩,细粒结晶的石灰岩、大理岩、较松软的砂岩、蛇纹岩、纯橄榄岩、蛇纹岩化的火山凝灰岩。风化的角闪石板岩、粗面岩,硬烟煤、无烟煤。松散砂质的磷灰石矿。冻结的粗粒砾层、泥层、砂土层、萤石带	6 ~ 7	1.15	1.50
6	中等硬度的	石英、绿泥石、云母,绢云母板岩、千枚岩、片岩。轻微硅化的石灰岩。方解石及绿帘石硅卡岩。含黄铁矿斑点的千枚岩、板岩、片岩、铁帽。钙质胶结的砾石、长石砾石、石英砂岩。微风化含矿的橄榄岩及纯橄榄岩。石英粗面岩、角闪石板岩、透辉石岩、辉长岩、阳起石、辉石岩。冻结的砾石层。较纯的明矾石	7 ~ 8	0.82	1.30
7	中等硬度的	角闪石、云母、石英,磁铁矿的板岩、千枚岩石、片岩,微硅化的板岩、千枚岩、片岩。含石英粒的石灰岩。含长石石英砂岩;石英二长岩;微片岩化的钠长石斑岩、粗面岩、角闪石斑岩、玢岩、灰绿凝灰岩、方解石化的辉岩、石榴子石硅卡石;硅质叶蜡石(寿山石)、多孔石英。有硅质的海绵状铁帽。铬铁矿、硫化矿物、菱铁磁铁矿。含角闪石磁铁矿。含矿的辉石岩类。砾石(50%砾石,系水成岩组成,钙质和硅质胶结的)。砾石层、碎石层、轻微风化的粗粒花岗岩、正长岩、斑岩、玢岩、辉长岩及其他火成岩;硅质石灰岩、燧石石灰岩;极松散的磷灰石矿	8 ~ 10	0.57	1.10

级别	硬度	代表性岩石	普氏坚固系数	可钻性（m/h）	一次提钻长度（m/回次）
8	硬的	硅化绢云母板岩、千枚岩、片岩。片麻岩、绿帘石岩、明矾石；含石英的碳酸土岩石。含石英重晶石岩石；含磁铁矿及赤铁矿的石英岩；粗粒及中粒的辉岩、石榴子石硅卡岩；钙质胶结的砾石；轻微风化的花岗岩、花岗片麻岩、伟晶岩、闪长岩、辉长岩。石英电气石岩类；玄武岩、钙钠斜长石、辉石岩、安山岩、石英安山斑岩；含铁的橄榄岩、层状黄铁岩、磁铁矿层；细粒硅脂胶结的石英砂岩、长石砂岩；含大块燧石石灰岩；粗粒宽条带状的磁铁矿、赤铁矿、石英岩	11～14	0.38	0.85
9	硬的	高硅化板岩、千枚岩、石灰岩及砂岩等；粗粒的花岗岩、花岗山长石、花岗麻花岩、正长岩、辉长岩、粗面岩等。伟晶岩；微风化的石英粗面岩、微晶花岗岩、带有溶解空洞的石灰岩；硅化的磷灰岩、角页化凝灰岩、绢云母化角页岩；细晶质的辉石绿帘石、石榴子石硅卡岩；硅钙硼石、石榴石、铁钙辉石、微晶硅卡岩；细粒细纹状的赤铁矿、石英岩、层状重晶石；含石英的黄铁矿、带有相当多黄铁矿的石英；含石英质的磷灰岩层	14～16	0.25	0.65
10	坚硬	细粒的花岗岩石、花岗闪长岩、花岗片麻岩。流纹岩、微晶花岗岩、石英钠长斑岩、石英粗面岩。坚硬的石英微晶岩；粗纹洁净的层状硅卡岩、角页岩；带有微晶硫化矿物的角页岩；层状磁铁矿层夹有角页岩薄层；致密的石英铁帽；含碧玉、玛瑙的铝矾土	16～18	0.15	0.50
11	坚硬	刚玉岩、石英岩。块状石英、最硬的铁质角页岩；含赤铁矿、磁铁矿的碧玉岩；碧玉质的硅化板岩；燧石岩	18～20	0.09	0.32
12	最坚硬	完全没有风化的极致密的石英岩、碧玉岩、角页岩，纯的辉石、刚玉岩、石英、燧石、碧玉		0.045	0.16

　　地埋管换热井施工具有钻孔数量多、密度大、孔径小、成孔速度快、钻进时间短、设备迁移频繁等特点，钻孔设备要完成钻孔、成孔、安装等多项工艺过程，要求钻具、钻杆的拧卸和提升实现快速化和机械化，钻孔设备要求便于迁移和拆装。

　　表 8-2 为常用钻进方法及使用范围。钻井的钻进方法和钻井设备应参照施工现场地质资料，根据岩石可钻性等级及岩石物理力学特征、地层特点、钻孔深度、现场自然条件进行选取，并应做到设备配套、规格质量符合要求，保证正常使用。

表 8-2 常用钻进方法及使用范围

钻进方法名称	使用范围		优点
	可钻性(级)	岩性及其他条件	
冲击钻进	1~5	适用于第四系砂土、漂砾、卵石层及风化破碎基岩中钻进,钻孔(井)深度不宜超过200 m	设备、钻具简单,成本低,在砂土、卵石层钻进有良好效果
全面破碎无岩芯钻进	1~10	适用于第四系松软地层及完整、破碎、致密、严密性岩石及卵砾石层	适用范围广、效率高
硬质合金钻进	常规口径<800 mm时 1~6	适用于第四系松软地层及较密、完整的基岩地层,不适合于卵砾石地层和破碎地层钻进	钻头加工容易,成本低
	大口径≥800 mm时 1~4		
钻粒钻进	常规口径 1~6	适用于基岩、漂砾、卵砾石地层,尤其适用于大口径取芯钻进。大裂隙、大漏失地层不适宜使用	钻头加工容易,成本低;在漂砾、卵砾石地层,用大直径岩芯管取芯钻进有良好的效果
	大口径 1~4		
合金钻粒混合钻进	4~8	适用于漂砾、卵砾石地层及软硬交错地层	具有合金和钻粒两种方法的特点
射流反循环钻进		适用于第四系松软地层。孔深超过50 m,效率明显下降,可配套使用于气举反循环钻进时的浅孔段钻进	设备简单,洗孔彻底,钻进效率高,钻进安全,成本低,成井后易于洗井
泵吸反循环钻进		适用于第四系松散地层浅孔、大口径,孔深100 m内效果较好。钻进时需保证充足的施工用水,在地下水位埋深小于3 m时,不易护孔,砾径超过钻杆内径的卵石层不宜使用此方法	冲洗液上返速度快,洗孔彻底,钻进效率高,钻进安全,成本低,成井后易于洗井
气举反循环钻进		适用于第四系松散地层以及硬度不大的基岩地层,大口径孔。孔深大于10 m时开始使用,超过50 m后方能发挥其高效的特性,钻进时须保证充足的施工用水,在地下水埋深小于3 m时不易护壁。在黏土层不宜使用	冲洗液上返速度快,洗孔彻底,钻进效率高,钻进安全,成本低,成井后易于洗井

钻进方法名称	使用范围		优点
	可钻性(级)	岩性及其他条件	
气动潜孔锤正循环钻进	5~12	适用于坚硬的基岩地层,第四系胶结地层,以及卵砾石地层,尤其适用于缺水或供水困难地区,常用于不取芯钻进	具有冲击和回转双重破岩作用,钻进效率高,成本低,且不污染含水层,成井后洗井容易,出水量大
气动潜孔锤反循环钻进	5~12	适用于坚硬的基岩地层、第四系胶结和半胶结地层,以及卵砾石地层,尤其适用于缺水或供水困难地区,常用于不取芯钻进	除具有气动潜孔锤正循环钻进的优点外,在不稳定地层中钻进护壁效果优于气动潜孔锤正循环钻进
液动冲击回转钻进	5~11	适用于硬度较大的基岩地层,第四系胶结和半胶结地层。多适用于常规口径钻孔,在大口径钻孔中应用较少	具有冲击和回转双重破岩作用,可利用泥浆护壁,不受水位埋深限制,钻进深度大
钢绳冲击钻进	1~5	适用于第四系砂土、漂砾、卵砾石地层及风化破碎基岩地层中的大口径浅孔、中深孔钻进。钻进深度一般不超过 200 m	设备、钻具简单,钻进成本低,在砂土、卵砾石层浅孔钻进效果好
辐射井钻进		适用于第四系浅部含水层	能沿含水层走向,在集水竖井四周不同方位、水平方向安设多组过滤管,扩大单井取水范围,提高单井供水能力
同步跟管钻进		适用于漂砾、流砂层、卵砾石层、冲积层等非稳定地层。须配备专用设备和工具	在极不稳定的地层中钻进,能有效防止塌孔,保证安全钻进

(二)水平沟槽施工机具

在一些大型水平地埋管换热器安装工程、竖直地埋管水平集水管安装工程中,常常使用人工、挖土机、推土机、有轨机械等完成开挖、回填作业,在横穿道路埋管时,采用非开挖导向钻机进行施工,可以避免破坏、影响地表状况,从而使地表复原费用有效降低。非开挖导向钻机钻头与地表面成 30°夹角,钻头旋转时利用水压使钻头推进,钻孔深度和方向由一个附在钻头上的信号发送器和地面上的便携式控制系统来监控。

(三)焊接工具

热熔焊机主要用于热熔对接连接、热熔承插连接。热熔焊机按操作模式可分为手动焊接、遥控焊接和自动焊接。手动焊接设备购置费用低,易受环境、人为因素影响,需要一定的连接经验;遥控焊接是一种可以使人离开危险现场,在安全环境对焊接设备和焊接过程进行远程监视和控制,从而完成完整的焊接工作的焊接方式,适宜于不适合人类亲临现场的危险较大的焊接作业;自动焊接的焊接参数可自行设置,数码控制,焊机滑架有自动定位功能,有效避免了人为因素的影响,确保了焊接质量和外观的一致性。

电熔焊机是通过对预埋于电熔管件内表面的电热丝通电加热熔化管道、管件焊接表面,从而实现焊接连接的焊接工具。对于 De25~De315 的聚乙烯管、聚丁烯管都可采用电熔连接,由于大管径管道电熔焊接费用较高,故电熔焊接多应用于小管径焊接。自动电熔焊接机可通过管件条码自动读取各种管件规格、种类等信息,并通过读取的数据,自动选择最适合的电力状态进行焊接作业,故电熔焊接不受环境、人为因素影响,连接操作简单、易于掌握。

二、施工组织设计及工艺流程

地埋管井钻井前,应广泛收集资料,经过现场勘探后依据项目任务书、施工合同、国家相关规范要求等,结合工程特点、施工条件和技术要求由技术负责人按照有关规范要求编制施工组织设计。施工组织设计文件应包括以下内容:

(1)工程概况、施工特点分析、工程任务、各工序质量要求和成井质量要求。

(2)钻井设备、钻井工艺和成井工艺的选择,开钻前应根据地层岩性、技术要求、设备及施工条件等因素,确定钻井工艺和选用钻具。

(3)施工准备工作计划。

(4)施工进度计划。

(5)资源需求量计划。

(6)技术组织措施、质量保证措施、安全施工措施和环境保护措施。

(7)施工预防措施及处理预案。

(8)施工平面图。

施工现场技术负责人在施工前应向作业人员进行施工组织设计、施工质量和技术交底,从事钻井的工作人员应掌握设备技术性能和操作方法,并经过施工安全培训和专业技术培训。垂直地埋管施工主要工艺流程为:钻井→试压→下管→回填→埋管试压。

三、钻井施工方法及技术要求

(一)确定钻井位置

钻孔前,需根据设计图纸确定换热孔位置,一般使用全站仪布设控制点坐标,通常选择一个施工区域内拐角处的换热孔作为控制点位,然后利用两点成线的方法,将控制换热孔纵横相连,根据设计图纸从控制换热孔的位置开始,沿纵横直线确定相邻换热孔的位置,用木桩或石灰标出换热孔的位置;定位放线时应注意严格控制换热孔之间的距离满足设计要求。

在确定钻井位置时应注意钻塔在安装和起落中,导电物体外侧边缘与架空输电线路之间的最小安全距离不小于表8-3 的要求,钻孔边缘距地下埋设的广播电视线路、电力管线、石油天然气管线和供热管线及其他地下设施边线的水平距离不应小于 5 m;钻孔边缘距地下通信电缆、给水排水管道及其他地下设施边线的水平距离不应小于 2 m;埋管换热器安装完成后,应在埋管区域做出标志或标明管线的定位带,并采用现场 2 个永久标志进行定位。

表 8-3　钻塔导电物体外侧边缘与架空输电线路之间的最小安全距离

输电线路电压(kV)	≤1	1~10	35~100	154~330	500
最小安全距离(m)	4	5	10	15	20

(二)钻井方法

1. 施工准备

钻井施工前,应按所选择钻井设备施工操作范围平整场地;按选定钻井设备所需电压等级和功率,敷设现场的供电线路,并准备应急动力和照明设施;按施工用水要求,接通水源;钻探现场应保持整洁,材料、机具应摆放整齐,保持通道畅通;在夜间施工或钻井场地光线不足时,应配备足够的安全照明设备,现场施工用电应符合国家现行标准《建设工程施工现场供用电安全规范》(GB 50194)和《施工现场临时用电安全技术规范》(JGJ 46)的有关规定。

钻井施工前,应对现场的安全措施和设备安装以及测量仪表等进行检验,并准备钻具、油料、机电设备、冲洗介质、埋管、回填材料等。钻井设备进入施工现场前,应进行技术检验和试车,如设备运行异常,应立即停车检修或退场;钻井设备旋转部件、传动和联动部位应有防护装置;环境温度接近 0 ℃或接近油料的凝固点时,钻井设备应采取防冻措施;钻井设备应正确安装、使用、维护和保养;安装钻井设备的地基应按设备安全使用要求进行修筑或加固,钻塔基础应坚实、牢固、平整;钻探设备机架与基台连接应平稳、牢固,保证施工过程中钻机的稳定性;钻塔绷绳应对称安置,受力均匀,绷绳地锚应埋设牢固,并用紧绳器拉紧,施工中选用钻井设备安装应满足《供水水文地质钻探与管井施工操作规范》(CJJ/T 13)的相关要求;冲洗液的循环、净化和排放系统应根据采用的钻进工艺要求设置,泥浆池容量应满足钻井泥浆需要量的容积;当泥浆池深度大于 0.8 m 时,周边应设置防护栏,废弃泥浆应妥善处理。

2. 开孔

开孔应由有经验的技工操作,钻井的开孔段应保持圆整、垂直及稳固。冲击钻开孔时,应先吊起钻具对位,找出钻孔中心后,再开挖导孔,钻进数米后下入护口套管,在钻具未全部进入护口套管前,宜采用小冲程作单次冲击;回转开孔时,宜使用短钻具,钻进中应将钻杆水龙头上的胶管用绳索牵引,或在主动钻杆上段加导向装置,采用慢转速、轻钻压钻进。

3. 钻井

地埋管钻孔孔径的确定应进行技术经济分析,综合考虑钻孔能否顺利安全下入地埋管和灌浆管,确定钻井费用、回填量等因素后,确定钻头直径大小,在实际工程中,单 U 形地埋管钻孔直径一般为 110~130 mm,双 U 形地埋管钻孔直径一般为 130~150 mm。

参照施工现场地质资料,根据岩石可钻性等级、岩石物理力学特征、地层特点、地质要求选取钻进方法和钻井设备。根据地埋管换热系统施工图放线确定钻孔位置,根据施工现场具体情况按照施工场地规划方案合理分布、固定钻井设备,确定泥浆池位置、钻井机具放置位置,设备安装应满足钻井设备使用相关要求,钻机及附属配套设备安装必须基础坚实,安装平稳,布局合理,便于操作。回转钻机转盘要水平安装在基台上,保证滑轮、立轴和孔的中心在一条直线上。

钻进过程中,随着钻孔的形成,破坏了岩层的原始状态。在一些松散、破碎、风化地层遇水膨胀易出现缩径、坍塌、掉块、涌漏水等现象,会严重影响钻孔工作的顺利进行。为防止类似现象发生,应采取合理、有效的护孔堵漏措施,保证钻井正常顺利的钻进。泥浆在钻进过程中由于失水而易在孔壁上形成泥皮,由于泥皮很薄、有韧性,不易破坏,有效减弱了钻具对孔壁的敲击,防止了循环液对孔壁的直接冲刷,有利于孔壁的稳定。根据钻机使用要求,合理配制泥浆密度,可有效稳定孔壁,减少泥浆漏失、孔壁坍塌、掉块、涌水、缩径的发生。在一些复杂的地层可采用水泥浆护壁堵漏和化学浆护壁堵漏。在漏水特别严重的地表层,可采用向孔内下套管来防止坍塌或漏失发生。

钻进过程中应按照钻井设备使用要求和操作方法,严格控制钻压、钻速、泥浆参数、泥浆泵流量等相关参数。

1) 钻压

土壤源热泵系统垂直埋管所需钻井深度通常为 80 ~ 150 m,随着钻井深度增加可能出现钻压不足问题,从而直接影响钻井效率,在实际工程中表现为钻进深度越大,钻进速度越小。当发现钻进速度明显变慢时,应根据钻头型号及钻铤和钻杆的质量调整钻压,一般在钻进中硬以上岩层时容易出现这种情况,此时增加钻压使岩石实现体积破碎即可。

近几年来,随着钻杆、岩芯管材质的提高,钻机允许钻压值不断增大。实践证明高转速钻进可以取得较高的经济效益,且钻井质量高、消耗少,所以钻井时应合理选择钻压进行钻进。但土壤源热泵钻井深度较浅,钻井时加大钻压往往使钻机泵顶起,实际工程中往往采用增加钻床重量的办法解决,比如采用脚手架压住钻床,钻杆、套管或其他重物堆放在钻机两侧等措施。

2) 钻速

钻机钻速与钻进效率密切相关,在一定范围内钻速越高,效率也越高,但钻速的提高又受到功率、钻具强度和震动等的限制,因此对钻头钻速的控制除考虑岩土类型外,还应掌握"不产生剧烈震动的前提下适当提高钻速"的原则。

施钻速度以 5 m/h 为宜,最高不应超过 10 m/h。钻孔过程中,应密切观察钻机设备运行状况,如出现异常现象应及时处理(当出现钻进缓慢或不进尺时应立即停钻,提升钻杆,查明原因)。

3) 泥浆参数

泥浆主要用于冷却钻头、挟带岩屑、护壁堵漏。钻头在不断破碎孔底岩石时产生大量岩粉堆积在孔底,钻头与岩石之间摩擦导致温度不断升高,如不及时排除孔内岩粉、冷却钻头,将导致钻进效率不断降低,钻头寿命锐减。借助泥浆泵,将一定量的清水送入钻孔内,再从钻杆或钻孔的环状间隙返回到地面的泥浆池,不断清除孔底岩粉、冷却钻头,经过反复循环,清水变成泥浆,泥浆对破碎地层孔壁起保护作用,减轻了坍塌损坏程度,减少了孔壁漏水。

合适的泥浆黏度可使泥浆有效挟带固相颗粒,提高护壁效率,稳定井孔。可加入膨润土(主要为以高岭石、蒙脱石为主的黏土,又名钠土)来提高泥浆黏度。泥浆中可添加聚合物聚丙烯酰胺来提高黏度,增加润滑性,降低失水,防止失水量过大造成井塌和缩孔。施工现场应配备泥浆性能测试设备。

4) 泥浆泵流量

钻井时,泥浆泵流量大小应根据施钻岩层岩性,钻机钻压、钻速等参数来确定。合理的泥浆流量可有效冲洗掉钻机产生的岩粉,提高钻机钻进效率,如果泥浆泵流量不足,孔底大颗粒岩粉不能被冲净,将造成孔底重复破碎量增大,破碎效率下降。

4. 护壁

护壁应根据地层条件、水源情况和技术要求进行选择,可采用泥浆、水泥浆进行护壁。采用泥浆护壁,井内泥浆液面不应低于地面下 0.5 m,漏失严重时,应将钻具迅速提至安全井段,查明原因并作出处理后再继续钻进。

(三)钻井技术要求

(1)注意钻孔过程中机械设备平稳,接头牢固,施工钻探开孔时钻机手应注意机架的稳定。

(2)钻孔中心的平面位置最大允许偏离值是 20 cm。

(3)成孔时出现坍孔,会造成管道无法正常放入,底部出现大量的泥夹层,要控制好套管的深度,避免套管不到位形成孔内坍塌,发现坍塌要重新钻孔,如坍孔严重,移位重新钻孔。

(4)钻孔出现偏斜、倾斜,安装机架要对导杆进行校正,遇到硬土层、倾斜岩或砂卵石应控制进尺,低速钻进,钻机手要及时控制;当孔深小于 300 m 时,钻头轴心与垂直线倾角不宜大于 3°。

(5)出现粘钻不进尺,主要是在黏性土层中,黏土被钻头强力搅拌粘附在钻头上,产生抱钻、糊钻导致不进尺,可以向孔内投入砂砾,加大配重,若仍然无法解决,可提出钻头清理后再施钻。

四、下管

(一)埋管制作

由于地埋管换热器所用管材通常采用盘管方式供货,管材经验收合格,应现场进行埋管的制作,由于地埋管换热器所用 U 形管,使用周期长、维修困难大、承受压力高、使用环境特殊等特点,U 形管制作应满足以下要求:

(1)U 形管的组对长度应满足插入钻孔后与水平联箱的对接要求,组对好的 U 形管的两开口端部必须及时密封。

(2)U 形管换热器的 U 形弯头,应采用地埋管成品管件(单 U 或双 U 接头),不能采用两个 90°弯管对接的方式形成 U 形弯管接头。

(3)U 形管除与端部弯头成品管件连接的部位外,其他部位不允许有接头。

(4)U 形管制作过程中,管与弯头成品管件的连接应采用电熔连接或热熔承插连接,连接的技术要求要符合《埋地聚乙烯给水管道工程技术规程》(CJJ 101)和供货厂家的具体技术要求。

(二)下管方式

竖直地埋管下管方式分为人工下管和机械下管两种,由于下管过程中要克服钻孔内积水的浮力和钻孔壁与 U 形管之间的摩擦力。因此,采用人工下管在 20 m 以内比较容易,超过 20 m 就会非常困难,因此竖直地埋管下管宜采用机械下管的方式,利用回转钻机钻杆顶进,克服水的浮力并加快下管速度。下管过程中 U 形管应充满水,这样可增加自重,抵消下管过程中产生的浮力。

（三）施工方法及要求

（1）护壁套管为下入钻孔中用以保护钻孔孔壁的套管。钻孔前，护壁套管应预先组装好，施钻完毕应尽快将套管放入钻孔中，并立即将水充满套管，以防孔内积水使套管脱离孔底上浮，达不到预定埋设深度。

（2）下管前 U 形管上每隔 2~4 m 在各支管间设一专用固定支卡，将各支管分开，保证回填砂料能均匀围绕 U 形管四周，避免各支管间热量短路，以提高换热效果。同时检查管道是否有划、碰、压伤等现象，并及时做压力试验，查看是否有渗漏点。

（3）下管前应在 U 形管接头部位设防护装置，防止在下管过程中与钻孔壁摩擦对 U 形管的损伤。

（4）机械下管过程中，钻杆应作用在 U 形管端部位置，在钻杆与 U 形管端部的连接处应做好保护，以防止钻杆损伤地埋管。同时将灌浆管和钻杆端部固定，下管时灌浆管随 U 形管一起下至钻孔底部。

（5）钻孔完成后裸孔搁置时间不宜过长，否则有可能出现管孔局部堵塞，导致下管困难，孔壁固化后应立即进行竖直地埋管安装。

（6）下管速度要均匀，防止下管过程中损坏 U 形管，如果遇有障碍和不顺畅现象，应立即停止下管，及时查明原因并做好处理后才能继续下管。

（7）U 形管应充满水并保持压力，下管过程中应随时检查管内压力，确保 U 形管无渗漏。

（8）竖直地埋管下到钻孔底后不得立即提杆，将 U 形管固定在钻架上，待沉淀 1 h 以上后方可提杆，以防地埋管浮出或自然下沉。地面上要保留 1~2 m 左右的埋管并将其固定，防止滑入井内。

五、回填

为防止钻孔倾斜损伤相邻 U 形管，当钻孔深度较深（一般大于 40 m）时，灌浆回填宜在周围邻近钻孔钻凿完成后进行。

（一）回填方式

竖直地埋管回填有人工回填和机械回填两种方式，机械回填需要专业的机械设备使回填材料自下而上注入钻孔，利用泥浆泵通过灌浆管将回填材料泵入孔中。机械回填施工成本较高，但适用于各种回填材料和各种地质情况，回填均匀密实，回填质量能够有效保证。人工回填则不借助于专业机械设备，只利用简单的工具将回填材料填入钻孔内，人工回填成本低，但在复杂的地质条件下，回填的密实性无法保证，对地埋管的换热效果会产生不利影响。因此，竖直地埋管回填宜选择机械回填的方式。

（二）施工方法及要求

U 形管安装完毕后，应立即灌浆回填封孔，隔离含水层。使用泥浆泵通过灌浆管灌浆时，泥浆泵的泵压应足以克服阻力使孔底泥浆上返至地表，当上返泥浆密度与灌浆材料的密度相等时，结束灌浆。灌浆时应保证灌浆的连续性，灌浆管应根据机械灌浆的速度逐渐从钻孔抽出，使灌浆液自下而上灌注封孔，确保钻孔灌浆密实、无空腔，否则易形成空腔、灌浆不密实，降低换热效果，同时灌浆时应注意以下事项：

（1）回填材料应采用网孔不大于 15 mm × 15 mm 的网筛进行过筛，保证回填料不含有尖利的岩石块和其他碎石。

（2）为保证回填料均匀且回填料与管道密切接触,回填应在管道两侧同时进行。

（3）竖直地埋管回填应优先选择机械回填的方式,灌浆管可采用 PE 管,并随同 U 形管一起下至钻孔底部。

（4）回填灌浆前应计算好每个钻孔需用灌浆液的用量,回填过程中对灌浆量进行统计。每个钻孔需保证一次灌浆完毕。

（5）回填灌浆时用泥浆泵通过灌浆管将混合浆灌入孔中,根据灌浆的速度将灌浆管逐渐抽出,逐步排除空气,使回填材料自下而上灌注钻孔,确保钻孔回灌密实,无空腔。

（6）回填灌浆前必须对 U 形管进行水压试验,试压合格后才能进行回填。在灌浆回填过程中管道须进行保压,如压力出现异常,应停止灌注,查明原因并进行处理后方可继续回填。第一次回填完毕后应多次检查,若未填实,进行人工补浆。

（7）回填灌浆结束后,钻机移机时,应防止倒架、划伤地埋管事故发生。钻机移位后应做好成品保护工作,将留在地面的管道管口进行封堵保护并进行标记,防止后续施工造成损坏。

第二节　水平地埋管施工工艺

一、施工机具

在土壤源热泵水平地下埋管施工前,需根据地下换热系统施工图进行放线和管槽开挖,其中沟槽形式及尺寸是根据地埋管现场地形、土质、管数、管径、埋设深度设计的,沟槽可以采用人工或挖土机械进行挖掘。其中机械挖土设备有挖土机、铲运机、斗式挖沟机、开沟机等。挖土机械适用于挖土工程量大、距离较长的管网。对于地方狭小的市区街道,地下敷设有管道、电缆等区域不适宜采用机械挖土,应采用人工挖槽。

二、工艺流程

水平埋管施工主要工艺流程为:沟槽放线→沟槽开挖与支撑→沟槽垫层→水平地埋管敷设及连接→沟槽回填。

水平沟槽挖好后应及时进行水平地埋管安装,水平地埋管的施工和验收应符合《给水排水管道工程施工及验收规范》(GB 50268)的有关规定。

三、沟槽施工方法及技术要求

(一)沟槽放线

（1）水平沟槽开挖前,应掌握管道沿线地上和地下情况及资料,如:现场地形、地貌、建筑物、各种管线地下布置情况,施工供水、供电条件等。

（2）沟槽测量应根据现场已有临时水准点和建筑轴线控制桩的位置,同时根据实际钻井孔位的分布作为控制过程测量放线的基准。

（3）根据垂直钻井孔位以及图纸先确定管道变向点、分支点和变坡点,并确定管路走向,在确定点上打坐标桩,标出管沟中心及挖沟深度,沿桩划线,即为沟槽边沿线。

（4）为利于开挖并防止撞伤或损伤竖直埋管,钻孔应在水平沟槽边线以外0.5 m范围。

（5）根据施工图纸、图纸会审记录,确定管线坐标位置,会同建设单位、监理单位,进行现场验线,并会签定位放线记录。等位点及标高数据以建设单位及土建单位提供的建筑物、道路的坐标及标高为准,并以此作为室外水平埋管管线的施工基础。

（二）沟槽开挖及支撑

根据施工现场土壤性质、施工环境情况确定沟槽边坡大小,如土质较差应注意边坡支护,冬、雨季施工时应注意预防塌方并制定相关防止措施。挖沟时应注意沟槽的中心线、标高及断面形状是否符合设计要求,挖掘完成后应采用水平仪测定沟底挖掘深度、坡度是否符合设计规定要求。沟槽开挖应满足以下规定和要求:

（1）沟槽开挖必须在定位放线验收合格后进行,宜采取以机械开挖为主,人工挖掘为辅的施工方式。水平沟槽开挖采用小型机械,配合人工开挖清理,水平沟槽沿边线开挖后,沟槽至钻孔之间的土方采取人工开挖方式。

（2）当地质条件良好、土质均匀,地下水位低于沟槽地面高程,且开挖深度在2 m以内时边坡视具体情况可不加支撑。

（3）沟槽每侧临时堆土或施加其他荷载时,应符合下列规定:

①不得影响建筑物、各种管线和其他设施的安全;

②不得掩埋消火栓、管道闸阀、雨水口、测量标志以及各种地下管道的井盖,且不得妨碍其正常使用;

③人工挖槽时,堆土高度不宜超过1.5 m,且距槽口边缘不宜小于0.8 m。

（4）沟槽的开挖质量应符合下列规定:

①不扰动天然地基或地基处理符合设计要求;

②槽壁平整,边坡坡度符合施工设计的规定;

③沟槽中心线每侧的净宽不应小于管道沟槽底部开挖宽度的一半;

④槽底高程的允许偏差:开挖土方时应小于±20 mm。

（5）沟槽开挖完成后,需对管线坐标、标高进行控制定位,管道安装后其偏差必须符合设计要求和《给水排水管道工程施工及验收规范》（GB 50268）的有关规定。

（三）沟槽垫层

（1）水平地埋管沟槽挖好后,应将沟槽内的石块清理干净,沟槽坡度满足设计要求。

（2）管道敷设前沟槽底部应先铺设不小于管径厚度的细砂或200～300 mm的细砂或细黏土垫层。

四、水平地埋管敷设与连接

（一）水平管的敷设

（1）地埋管移入沟槽时,不得损伤管材,表面不得有明显划痕。应采用非金属绳索下管,管材应沿管线敷设方向排列在沟槽边。若敷设、连接间隔时间较长或每次工程收工时,管口部位应及时进行封闭保护。对需临时敞开管口,也必须采取措施保证泥土、砂子等杂物不得进入管道内,并保证每个管口周边环境清洁。

（2）水平地埋管道穿越建筑或其他构筑物时必须设置套管,套管内应清洁无毛刺。当采用金属套管时,套管两端管口应钝口或翻边,地埋管穿过套管时不得使其表面产生拉痕,必要时地埋管再加护套保护。

（3）敷设管道时防止折断、扭结等现象，按施工操作程序采用热熔连接完毕，应在 2 h 后才能进行水压试验，试验合格后再进行下道程序。

（4）检查沟槽内有无石块、土块等硬物，敷设的细砂垫层是否平整，是否按要求和间距埋设了水平地埋管。

（5）管道的安装位置必须与设计相符，水平地埋管之间的敷设间距应满足设计要求。

（6）由于地埋管道为整卷供货，且材料塑性较大，自由状态时多呈盘状，使得直线敷设较困难，因此对水平管应采取固定措施。可采用 30 mm×40 mm、经沥青防腐处理的木条作为固定支架，按间距 2～3 m 设一个，支架长度与沟槽底部宽度相同，水平管与支架采用塑料扎带绑扎固定。

（7）敷设水平地埋管过程中，对管道应采取保护措施，防止块石等重物撞击管身。

（8）水平地埋管回填前应进行水压试验，试验要求和步骤见第三节"地埋管系统的水压试验"。

（9）当室外环境温度低于 0 ℃时，不允许进行地埋管系统的施工。

（10）水平地埋管底部回填料须颗粒细小、松散、均匀且不应含石块和土块；槽底至管顶以上 500 mm 范围内，不得含有机物和冻土。

（11）水平地埋管沟槽回填不得损伤管道。回填土应与管道接触紧密。

（12）地埋管换热器安装完成后应对系统进行保压，以地埋管系统顶点压力加 0.2 MPa 为保压值。

（二）水平管的连接

（1）水平地埋管的连接应根据不同管径采用热熔连接或电熔连接。

（2）地埋管热熔连接或电熔连接时应采用相应的专用设备工具，连接时严禁明火加热。

（3）热熔连接设备的温度控制应精确，加热面温度分布应均匀，加热面结构应符合焊接工艺的要求，电熔连接前后应使用洁净棉布擦净加热面上的污物。

（4）热熔连接加热时间、加热温度以及保压、冷却时间，应符合厂家及管材、管件的要求，在保压、冷却时不得移动连接件或在连接件上施加任何外力。

（5）地埋管的接头部位应采用相同材料的管件熔接，不同种类的塑料或级别不同的塑料不宜熔接，不能采用金属管件连接。

（6）熔接场地应尽量保持无水状态，施工电源绝缘良好，并应有防触电装置和措施。

（7）从事管道连接的操作工人上岗前，应经过专门培训，经考试和技术评定合格后，方可上岗操作。

五、沟槽回填

（一）沟槽回填技术要求

（1）回填材料、回填密实度、回填厚度必须符合设计要求。回填材料颗粒应细小均匀且不含石块及土块，沟槽底部至管顶以上 0.5 m 范围内，不得含有机物、冻土、垃圾以及大于 50 mm 的砖、石等硬块。

（2）管道两侧及顶管 0.5 m 以内的回填材料,不得含碎石、砖块、垃圾等杂物,不得用冻土回填,距离管顶 0.5 m 以上的回填土内允许有少量直径不大于 0.1 m 的石块和冻土,其数量不得超过回填土总体积的 15%。

（3）回填应在管道两侧同步进行,严禁单侧回填;管道两侧压实面的高差不应超过 300 mm,焊接部宜使用人工回填,填土必须塞严、捣实,保持与管道紧密接触。

（4）同一沟槽中有双排或多排管道的基础底面位于同一高程时,管道之间的回填压实应与管道和槽壁之间的回填压实对称进行。

（5）同一沟槽中有双排或多排管道但基础底面的高程不同时,应先回填基础较低的沟槽;当回填至较高基础底面高程后,再按上述规定回填。

（6）分层管道回填时,应重点做好每一管道层上方 0.15 m 范围内的回填,回填料应选用细砂,其间不得有尖利的岩石块、碎石或硬物。

（7）当管道覆土较浅,管道的承载力较低,管道两侧及沟槽位于路基范围内,原土含水量高、且不具备降低含水量条件的,不能达到要求的密实度时,可与原设计单位协商采用石灰土、砂、砂砾等具有结构强度的,或可以达到要求的其他材料回填,但回填材料质量应满足设计规定。

（二）沟槽回填注意事项

（1）水平地埋管施工完毕,经检验合格,确认地埋管无渗漏后,方可回填沟槽。

（2）回填时应先填实管底,同时回填管道两侧,然后再回填至管顶 0.5 m 处,沟内有积水时,应及时排尽后再回填。

（3）沟槽内水平地埋管回填料应细小、松散、均匀,不允许含石块及土块,回填压实过程应均匀,回填料应与管道接触紧密,并且不得损伤管道。

（4）回填土时,还应符合下列规定:槽底至管顶以上 0.5 m 范围内,不得含有机物、冻土以及大于 500 mm 的砖、石等硬块;在抹带接口处、防腐绝缘层或电缆周围,应采用细粒土回填;冬期回填时管顶以上 0.5 mm 范围以外可均匀渗入冻土,其数量不得超过填土总体积的15%,且冻块尺寸不得超过 0.1 m。

（5）回填土或其他回填材料运入槽内时不得损伤管节及其接口。管道两侧和管顶以上 0.5 m 范围内的回填材料,应由沟槽两侧对称运入槽内,不得直接扔在管道上,回填其他部位时,应均匀运入槽内。

（6）同一沟槽中有双排或多排管道但基础底面的高程不同时,应先回填基础较低的沟槽;当回填至较高基础底面高程后,按(5)中的规定回填;分段回填实,相邻段的接茬应呈阶梯形。

第三节　地埋管系统的水压试验

为确保管道系统安全,应分阶段进行地埋管水压试验。PE 管与金属管道不同,金属管线的水压试验期间,除有漏失外,其压力应保持恒定;而 PE 管即使密封严密,由于管材的蠕变特性和对温度的敏感性,也会导致试验压力随时间的延长而降低。

一、试验压力的确定

根据《地源热泵系统工程技术规范》(GB 50366)规定,地埋管系统水压试验的试验压力为:当工作压力小于等于 1.0 MPa 时,试验压力应为工作压力的 1.5 倍,且不应小于 0.6 MPa;当工作压力大于 1.0 MPa 时,试验压力应为工作压力加 0.5 MPa。因此,在对地埋管系统进行水压试验时,应根据工作压力来确定试验压力。

根据《通风与空调工程施工质量验收规范》(GB 50243)的规定,空调冷热水、冷却水系统的试验压力为:当工作压力小于等于 1.0 MPa 时,为 1.5 倍工作压力,但最低不小于 0.6 MPa;当工作压力大于 1.0 MPa 时,为工作压力加 0.5 MPa。根据《建筑给水排水及采暖工程施工质量验收规范》(GB 50242)的规定,采暖系统的试验压力应符合设计要求,当设计未注明时,应符合下列规定:热水采暖系统应以系统顶点工作压力加 0.1 MPa 做水压试验,同时在系统顶点的试验压力不小于 0.3 MPa;使用塑料管的热水采暖系统应以系统顶点工作压力加 0.2 MPa 做水压试验,同时在系统顶点的试验压力不小于 0.4 MPa。

参照相关施工验收规范关于水系统试验压力的规定可发现,试验压力需根据工作压力来确定。由于地埋管系统中不同位置的工作压力是不同的,如水平地埋管与竖直地埋管底部的工作压力相差就很大,因此无法用一个统一的工作压力来确定试验压力。为了增强可操作性,便于现场施工人员简单快速地确定试验压力,可将试验压力简化为系统静压力加附加压力(如 0.4 MPa),即

$$P_s = P_j + \Delta P \tag{8-1}$$

式中　P_s——试验压力,MPa;

　　　P_j——系统静压力,MPa;

　　　ΔP——附加压力,MPa。

另外,试验压力的数值必须与压力测点的位置相对应,因为压力测点的相对标高会影响到静压力的大小。地埋管系统施工过程中需进行以下水压试验,如表 8-4 所示。

表 8-4　地埋管系统水压试验的试验压力

项目	试验压力值(MPa)		压力测点位置	试验时间
第一次水压试验	$H/100 \leqslant 1$	$P_s = 1.5H/100$	竖直地埋管上	竖直地埋管放入钻孔前
	$H/100 > 1$	$P_s = H/100 + 0.5$		
第二次水压试验	$h/100 + 0.4$		竖直地埋管顶部,环路集管上	地埋管系统与环路集管装配完成后、回填前
第三次水压试验	$h/100 + 0.4$		机房分集水器上	环路集管与机房分集水器连接完成,回填前
第四次水压试验	$h/100 + 0.4$		机房分集水器上	地埋管换热系统全部安装完毕,冲洗回填完成后

说明:1. H 为地埋管系统最高点与最低点(竖直地埋管底部)之间的高度差,单位为 m;

　　　2. h 为地埋管系统最高点与压力测点之间的高度差,单位为 m。

二、水压试验的步骤

(一)第一次水压试验

竖直地埋管放入钻孔前,应做第一次水压试验,水压试验按以下步骤进行:

(1)将试压管段接通水源,先由一端进水,利用给水管的压力(0.2~0.4 MPa)由另一端将水排出,观察排水是否通畅,有无堵塞现象,持续冲洗至水质清澈。

(2)将试压管段封堵,缓慢注水,同时将管内空气排尽。

(3)管道充满水后,应进行密封检查。

(4)对管道开始缓慢升压,升压时间不应少于 10 min。

(5)升压至试验压力后,停止加压。期间如有压力下降可注水补压,补压不得高于试验压力。

(6)稳压至少 15 min,压力降不应大于3%,且无泄漏现象。

(7)将其密封后,在有压状态下放入钻孔,完成灌浆之后继续保压。

(二)第二次水压试验

竖直地埋管与环路集管装配完成后,回填前应进行第二次水压试验,水压试验按以下步骤进行:

(1)向系统缓慢注水,同时将系统内空气排尽。

(2)系统充满水后,应进行水密封检查。

(3)对系统开始缓慢升压,升压时间不应少于 10 min。

(4)升压至试验压力后,停止加压。期间如有压力下降可注水补压,补压不得高于试验压力。

(5)稳定至少 30 min,压力降不应大于3%,且无泄漏现象。

(三)第三次水压试验

地埋管系统环路集管与机房分集水器连接完成,回填前进行第三次水压试验,并且进行系统换水,试验按以下步骤进行:

(1)先由埋管一端进水,利用给水管的压力(0.2~0.4 MPa)使进水由另一端排出,观察排水是否通畅,有无堵塞现象。

(2)系统充满水后,排尽空气,应进行水密封检查。

(3)对系统开始缓慢升压,升压时间不应少于 10 min。

(4)升压至试验压力后,停止加压。期间如有压力下降可注水补压,补压不得高于试验压力。

(5)在试验压力下,稳压至少 2 h,且无泄漏现象。

(四)第四次水压试验

地埋管换热系统全部安装完毕,且冲洗及回填完成后,进行第四次水压试验,水压试验按以下步骤进行:

(1)向系统缓慢注水,同时将系统内空气排尽。

(2)系统充满水后,应进行水密封检查。

(3)对系统开始缓慢升压,升压时间不应少于 10 min。

(4)升压至试验压力后,停止加压。期间如有压力下降可注水补压,补压不得高于试验压力。

(5)稳定至少 12 h,压力降不应大于 3%,且无泄漏现象。

三、水压试验注意事项

(1)向管道系统充水时,应将系统内的空气排净。

(2)采用手动泵缓慢升压,升压过程中应随时观察与检查,不得有渗漏。

(3)当系统试验过程中发现渗漏,应查明渗漏部位并分析渗漏原因,同时检查试验步骤是否规范、是否符合要求。查明原因后,将系统压力降至大气压,经处理后,再重新试验。

(4)系统试验时升压应缓慢进行,泄压时也应缓慢,不允许快速降压。

(5)每进行一次管道或系统水压试验后,应及时填写试验记录。

(6)在进行第二～四次的压力试验时,应核对试验压力的大小。因为此时竖直地埋管底部所承受的压力为试验压力加上竖直埋管内水柱的静压力,为了避免因压力过大而对竖直埋管产生破坏,应使竖直埋管底部的压力不超过管材的公称压力。

(7)水压试验所使用的压力表宜为弹簧管压力表,精度等级不应低于 1.5 级,量程范围宜为试验压力的 1.3～1.5 倍,表盘直径不小于 150 mm。

第四节　地埋管系统的冲洗和试运行

一、地埋管系统冲洗

管道和系统分段试压合格后,应对管道和系统进行冲洗。冲洗水应清洁,冲洗流速应大于 1.0 m/s,直至冲洗水的排放水与进水的浊度一致,冬季冲洗完毕后,应及时将地埋管系统内冲洗水排净,并及时密封保护。

二、地埋管系统试运行

竖直地埋管换热系统试运行前,应编制专项试运行方案。地埋管换热系统的试运行应按照由近到远的原则,先开启系统末端的分集水器阀门,使之循环后,再按照远近顺序逐次开启各分集水器的阀门,直到整个换热系统循环正常,系统的压力、温度、流量应符合设计指标和相关规范要求;系统连续运行平稳,水泵压力、流量和水泵电机电压、电流、功率不能大幅波动;各计量、监测元件和执行机构应正常稳定工作。

地源热泵系统整体运转与调试应符合下列规定:

(1)整体运转与调试前应制订整体运转与调试方案,并报送专业监理工程师审核批准。

(2)地源热泵系统试运转前应进行水系统平衡调试,确定系统循环总流量、各分支流量及各末端设备流量达到设计要求。

(3)水力平衡调试完成后,应进行地源热泵系统的试运转,并填写试运转记录,运行数据应达到设备技术要求。

(4)地源热泵系统试运转正常后,应进行连续 24 h 的系统试运转,并填写试运转记录。

(5)地源热泵系统调试应分冬、夏两季进行,且调试结果应达到设计要求。调试完成后应编写调试报告及运行操作规程,并提交甲方确认后存档。

（6）地源热泵系统使用前，应进行冬夏两季运行测试，并对地源热泵系统的实测性能作出评价。

（7）地源热泵系统整体运转、调试与验收除应符合本规范规定外，还应符合现行国家标准《通风与空调工程施工质量验收规范》（GB 50243）和《制冷设备、空气分离设备安装工程施工及验收规范》（GB 50274）的相关规定。

第五节　地埋管换热系统施工质量控制

一、对地埋管管材质量的监控

地埋管及管件的材质和规格应符合设计要求，并具有产品合格证和产品质量检验报告，其产品质量和运输贮存应符合《给水用聚乙烯（PE）管材》（GB/T 13663）的规定，U 形垂直地埋管所用 PE 管材和管件应采用 PE100（SDR11 系列）管材，地埋管质量应符合国家现行标准中的各项规定，管材的公称压力及使用温度应满足设计要求，且管材的公称压力不应小于 1.0 MPa。

二、U 形竖直地埋管加工制作过程中的监控

U 形地埋管加工制作时，应保证室外环境温度大于 0 ℃，U 形地埋管除两端外，中间部分不得有接头，U 形地埋管加工完成后的长度应由监理人员现场测量，其加工长度应比钻孔深度大 1~2 m。

三、对竖直地埋管钻孔深度的监控

钻机钻进至设计深度时，施工单位应通知监理人员现场检测钻孔深度，提钻过程中统计使用钻杆的数量，测出钻杆长度，再加上钻机上驱动钻杆的长度，通过计算所使用钻杆的长度来确定钻孔深度。

四、U 形地埋管下管过程中的监控

U 形地埋管下管之前须对地埋管道的完整性进行检查，确认管道完好无损后，方可下管，下管过程中应检查固定支卡间的距离，相邻两个固定支卡间的距离不得超过 4 m。

五、竖直地埋管回填过程中的监控

地埋管下管完成后，应及时回填，竖直地埋管回填时，应采用泥浆泵机械回填，监理人员应检查回填料的成分和配合比是否符合设计要求，回填料是否拌和均匀，应对每个钻孔回填料的用量进行计算，监理人员应检查每个钻孔回填料的使用情况。

六、水平地埋管安装过程中的监控

地埋管换热系统 PE 管道的连接与敷设，应符合《埋地聚乙烯给水管道工程技术规程》（CJJ 101）的规定，水平埋管管底砂垫层的厚度应符合设计要求。

七、对地埋管系统水压试验的监控

施工人员应按照《地源热泵系统工程技术规范》(GB 50366)的要求进行水压试验,并做好试验记录。监理人员应对水压试验情况进行抽检,并对抽检情况进行记录。

第六节　地埋管换热系统检验

在地埋管换热系统施工过程及竣工验收过程中,需针对质量控制点进行以下检验:

(1)管材、管件等材料应符合现行国家标准的规定,进场验收资料应完整。

(2)竖直埋管位置、深度及换热器长度应符合设计要求。

(3)灌浆材料、灌浆材料配比应符合设计要求,灌浆材料回填效果检验应与地埋管回填施工同步进行。

(4)管道循环系统试压试验应符合标准和设计文件要求,压力试验资料齐全。

(5)隐蔽工程验收资料齐全。

(6)检查各分、集水器各管路水力平衡是否满足标准、规范、设计文件要求。

(7)检查防冻液和防腐剂浓度及性能是否符合设计要求。

(8)循环水流量及进出水温差是否符合设计要求。

第九章　地埋管系统管阻优化及防堵塞措施

第一节　地埋管系统埋管布置形式

对于竖直地埋管换热系统,按照水平集管与竖直地埋管连接方式的不同,可分为异程式连接和同程式连接两种形式。

一、异程式连接

竖直地埋管系统的异程式连接是在一个地埋管管组中,连接每个 U 形竖直地埋管的水平集管的长度不相等(见图9-1)。地埋管异程式系统的优点是系统简单,耗用管材少,施工难度小。其缺点是采用异程式连接的系统,各竖直地埋管并联环路的水平集管长度不等,使得各环路之间的水流阻力差异较大,容易因为水力失调造成各竖直地埋管的流量分配不均匀,从而影响地埋管系统的换热效果。

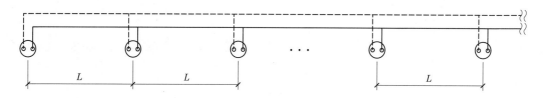

图 9-1　地埋管系统异程式连接

二、同程式连接

竖直地埋管系统的同程式连接是在一个地埋管管组中,连接每个 U 形竖直地埋管的水平集管的长度均相等(见图9-2)。由于经过每个 U 形竖直地埋管并联环路的管长相等,因此各竖直地埋管环路的阻力容易平衡。地埋管同程式系统的优点是每个地埋管管组的水力稳定性好,各竖直地埋管的水量分配均衡。其缺点是系统复杂,耗用管材较多,而且由于管道的长度增加使得系统的阻力增大。

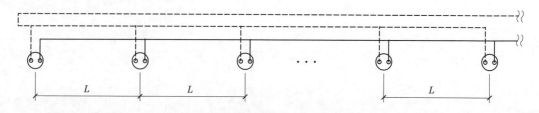

图 9-2　地埋管系统同程式连接

第二节　地埋管系统管阻优化的目的与方法

一、地埋管系统管阻优化的目的

对于异程式地埋管系统,在同一个地埋管管组中,各竖直地埋管间容易出现水力失调现象。地埋管系统水力失调会造成各 U 形竖直管流量的不均匀分配,使得近端竖直管路的流量过大,而远端竖直管路的流量过小。各竖直管路流量的不均匀会造成其换热量的差异,一方面会使得土壤的温度不均匀变化,另一方面也会影响到地埋管系统的排热量和取热量,从而影响整个土壤源热泵系统的制冷制热效果,并使得土壤源热泵系统的运行效率降低。因此,异程式地埋管系统管道阻力优化研究的主要目的是优化设计水平管段的管径,使同一组地埋管管组中各个 U 形竖直地埋管环路的阻力基本平衡,不平衡率控制在 15% 以内。

而对于同程式连接的地埋管系统,在同一个地埋管管组中,各竖直地埋管环路的管线长度是相同的,因此它们之间的阻力基本平衡,不易出现水力失调的现象。因此,同程式地埋管系统优化研究的主要目的是优化设计水平管段的管径,将地埋管管组的阻力损失控制在一个合理的范围内。

二、地埋管系统管阻优化的方法

利用不可压缩流体流动阻力的计算方法,将竖直地埋管系统的管组作为研究对象,以控制异程式系统的阻力损失不平衡率和同程式系统的管组阻力损失为目的,对竖直地埋管系统的水平集管管径进行优化设计。

地埋管管路阻力损失,可按下式进行计算:

$$\Delta p = \Delta p_y + \Delta p_j \tag{9-1}$$

式中　Δp——管路阻力损失,Pa;

$\quad\quad\Delta p_y$——管路沿程阻力损失,Pa;

$\quad\quad\Delta p_j$——管路局部阻力损失,Pa。

沿程阻力损失计算公式:

$$\Delta p_y = \lambda \frac{l}{d_n} \frac{\rho v^2}{2} \tag{9-2}$$

局部阻力损失计算公式:

$$\Delta p_j = \xi \frac{\rho v^2}{2} \tag{9-3}$$

式中　λ——管道沿程阻力系数;

$\quad\quad d_n$——管道内径,m;

$\quad\quad l$——管道长度,m;

$\quad\quad \rho$——水的密度,kg/m³;

$\quad\quad v$——水的流速,m/s;

$\quad\quad \xi$——管道局部阻力系数。

如地埋管为塑料管,则塑料管的沿程阻力系数可按下式计算:

$$\frac{1}{\sqrt{\lambda}} = -2\lg\left(\frac{K}{3.7d_n} + \frac{2.51}{Re\sqrt{\lambda}}\right) \qquad (9\text{-}4)$$

$$Re = \frac{vd_n}{\nu} \qquad (9\text{-}5)$$

式中　K——管道的当量粗糙度,塑料管 $K = 1 \times 10^{-5}$ m;

　　　Re——雷诺数;

　　　ν——水的运动黏度,m^2/s。

对于地埋管系统所采用的塑料管件,其局部阻力系数见表9-1。

表9-1　塑料管件的局部阻力系数

管路附件	ξ	管路附件		ξ
90°弯头	0.3~0.5		直流	0.5
括弯	1.0	三通	旁流	1.5
突然扩大	1.0		合流	1.5
突然缩小	0.5		分流	3.0

三、管组优化计算条件

(一)确定地埋管系统形式

地埋管系统按竖直埋管的形式不同可分为单 U 和双 U 两种形式,按照地埋管管组包含的竖直管井数量,分为 6 口井、8 口井、10 口井和 12 口井等四种系统形式。竖直埋管的深度设定为 100 m,竖直管井间的水平间距为 5 m。

(二)确定地埋管规格型号

地埋管管材选用 PE100 管材,具体规格型号见表9-2。

表9-2　地埋管管材规格型号

外径(mm)	壁厚(mm)	内径(mm)	公称压力(MPa)	备注
32	3.0	26	1.6	竖直 U 形管
40	3.7	32.6	1.6	
50	4.6	40.8	1.6	
63	4.7	53.6	1.25	
75	5.6	63.8	1.25	
90	6.7	76.6	1.25	
110	8.1	93.8	1.25	
125	9.2	106.6	1.25	
140	10.3	119.4	1.25	

在计算中竖直 U 形地埋管选取 De32×3.0 规格管材。

(三)确定地埋管内流体的流速

在管径、流体介质一定的情况下,管道阻力主要受流体流速影响。对于竖直地埋管系统,竖直 U 形地埋管的流速决定了竖直 U 形地埋管的流量,从而影响了水平集管的流量、流速和阻力损失,因此确定竖直 U 形地埋管合理的流速范围对地埋管系统管阻优化至关重要。为了提高换热效果,地埋管内流体介质应保持紊流状态,过高的流速会导致地埋管换热侧循环能耗升高,综合以上因素,参照《地源热泵系统工程技术规范》(GB 50366)给出了竖直地埋管的推荐流速,即单 U 形竖直管流速不宜小于 0.6 m/s,双 U 形竖直管流速不宜小于 0.4 m/s。在下面的管阻优化设计中参照以上流速对地埋管进行管阻优化设计。

(四)确定异程式地埋管管组的阻力不平衡率控制

异程式地埋管系统管组由于各竖直地埋管环路的阻力不同,易发生水力失调现象,参照采暖空调系统对并联环路压力损失不平衡率的要求,将异程式地埋管管组的阻力不平衡率的控制指标确定为小于 15%。

(五)确定同程式地埋管管组阻力损失范围

地埋管系统总阻力损失由机房内阻力损失、机房至最不利地埋管管组的管路阻力损失、地埋管管组的阻力损失构成,因此可以通过确定其他阻力损失的大小,得出地埋管管组阻力损失的合理范围。空调系统循环水泵的扬程一般不宜超过 35 mH_2O,考虑到水泵扬程的富余量,地埋管系统总阻力损失不宜大于 30 mH_2O,机房内阻力损失按 15 mH_2O 考虑。由机房至最不利地埋管管组的距离一般为 100~200 m,其阻力损失按 300 Pa/m 考虑,则机房至最不利地埋管管组的阻力损失按 5 mH_2O 考虑。所以,地埋管管组的阻力损失宜小于 10 mH_2O。因此,将同程式地埋管管组阻力损失的控制指标定为小于 10 mH_2O(100 kPa)。

第三节　异程式地埋管系统管道阻力优化

异程式地埋管系统管道阻力优化研究以控制管组的阻力不平衡率为目的,目标是使管组的阻力不平衡率小于 15%,分别对单 U 异程式地埋管系统和双 U 异程式地埋管系统进行管道阻力的优化研究,每一种系统形式分别对 6 口井、8 口井、10 口井和 12 口井的管组进行研究,异程式地埋管管组的布置形式和管段编号见图 9-3~图 9-6。

一、单 U 异程式地埋管系统

通过对单 U 异程式连接地埋管系统水力设计,得到单 U 6 口井、单 U 8 口井、单 U 10 口井、单 U 12 口井管组管径配置形式,如表 9-3 所示。

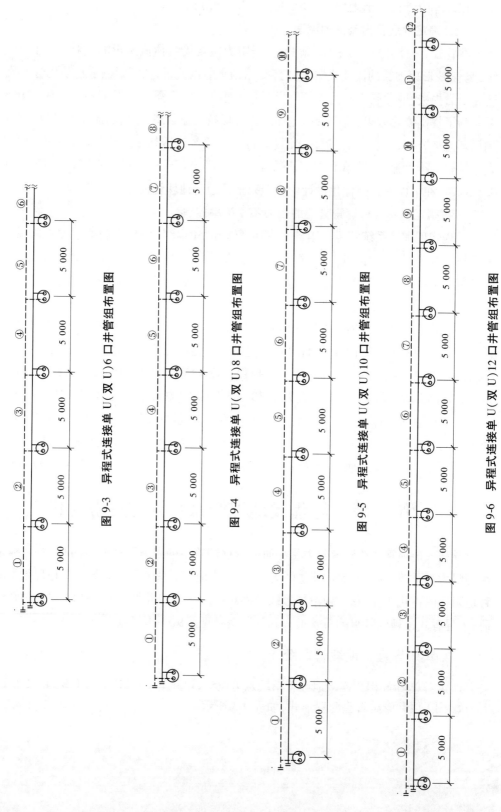

图 9-3 异程式连接单 U(双 U)6 口井管组布置图

图 9-4 异程式连接单 U(双 U)8 口井管组布置图

图 9-5 异程式连接单 U(双 U)10 口井管组布置图

图 9-6 异程式连接单 U(双 U)12 口井管组布置图

表 9-3　单 U 异程式连接管组管径

管段编号	单 U 6 口井管组	单 U 8 口井管组	单 U 10 口井管组	单 U 12 口井管组
①	De63	De75	De90	De90
②	De63	De75	De90	De90
③	De63	De75	De90	De90
④	De63	De75	De90	De90
⑤	De63	De75	De90	De90
⑥	De63	De75	De90	De90
⑦	—	De75	De90	De90
⑧	De75	De90	De110	
⑨	—	De90	De110	
⑩	—	De90	De110	
⑪	—	—	De110	
⑫	—	—	De110	

表 9-4 为单 U 异程式连接系统在表 9-3 所示管径配置下,不同流速时计算得出的系统不平衡率,单 U 6 口井、单 U 8 口井、单 U 10 口井、单 U 12 口井管组各回路水平管不平衡率均小于 15%。

表 9-4　单 U 异程式连接管组不平衡率

竖直地埋管流速(m/s)		0.4	0.6	0.8	1.0
竖直地埋管阻力(kPa)		19.2	39.5	65.9	98
单 U 6 口井管组	水平管阻力(kPa)	2.2	4.6	8.2	12.2
	不平衡率(%)	11	12	12	12
单 U 8 口井管组	水平管阻力(kPa)	2.48	5.4	9.2	14.2
	不平衡率(%)	13	14	14	14
单 U 10 口井管组	水平管阻力(kPa)	2.2	4.8	8.4	12.8
	不平衡率(%)	11	12	13	13
单 U 12 口井管组	水平管阻力(kPa)	2.2	4.9	8.4	13
	不平衡率(%)	11	12	13	13

从表9-4可以看出,为使管组的阻力不平衡率小于15%,单U连接10口井管组的水平集管需要采用De90的管材,而单U连接12口井管组的水平集管的管径需使用De110管径。

从表9-3可以得出以下结论:

(1)单U连接6口井管组,管组不平衡率小于15%时,水平集管最大直径需采用De63。

(2)单U连接8口井管组,管组不平衡率小于15%时,水平集管最大直径需采用De75。

(3)单U连接10口井管组,管组不平衡率小于15%时,水平集管最大直径需采用De90。

(4)单U连接12口井管组,管组不平衡率小于15%时,水平集管最大直径需采用De110。

二、双U异程式地埋管系统

通过对双U异程式连接地埋管系统的水力计算,得到双U 6口井、双U 8口井、双U 10口井、双U 12口井4种管组管径配置,见表9-5。

表9-5 双U异程式连接管组管径

管段编号	双U 6口井管组	双U 8口井管组	双U 10口井管组	双U 12口井管组
①	De75	De90	De110	De125
②	De75	De90	De110	De125
③	De75	De90	De110	De125
④	De90	De90	De110	De125
⑤	De90	De110	De110	De125
⑥	De90	De110	De125	De140
⑦	—	De110	De125	De140
⑧	—	De110	De125	De140
⑨	—	—	De125	De140
⑩	—	—	De125	De140
⑪	—	—	—	De140
⑫	—	—	—	De140

表9-6 为双 U 异程式连接管组在表9-5 所示管径配置下,不同流速下计算得出的系统不平衡率,双 U 6 口井、双 U 8 口井、双 U 10 口井、双 U 12 口井管组各回路水平管不平衡率均小于 15% 。

表9-6 双 U 异程式连接管组不平衡率

竖直地埋管流速(m/s)		0.2	0.4	0.6	0.8
竖直地埋管阻力(kPa)		5.6	19.2	39.5	65.9
双 U 6 口井管组	水平管阻力(kPa)	0.6	2.4	5	8.4
	不平衡率(%)	11	13	13	13
双 U 8 口井管组	水平管阻力(kPa)	0.6	2.4	5	8.6
	不平衡率(%)	11	13	13	13
双 U 10 口井管组	水平管阻力(kPa)	0.6	2.3	5	8.8
	不平衡率(%)	11	12	13	13
双 U 12 口井管组	水平管阻力(kPa)	0.6	2.3	5	8.8
	不平衡率(%)	11	12	13	13

为确保管组各竖直地埋管流量均衡,要求管组不平衡率小于15%,从表9-5 可以得出以下结论:

(1)双 U 连接 6 口井管组,管组不平衡率小于 15% 时,水平集管最大直径需采用 De90。

(2)双 U 连接 8 口井管组,管组不平衡率小于 15% 时,水平集管最大直径需采用 De110。

(3)双 U 连接 10 口井管组,管组不平衡率小于 15% 时,水平集管最大直径需采用 De125。

(4)双 U 连接 12 口井管组,管组不平衡率小于 15% 时,水平集管最大直径需采用 De140。

10 口井和 12 口井管组的水平集管的管径分别达到了 De125 和 De140,在地埋管管组系统中,这样大管径的管材既不便于水平集管和竖直埋管的连接,还会造成工程造价升高,因此对于双 U 异程式系统,采用放大管径、降低阻力不平衡率的方法是不科学的,建议 10 口井以上管组双 U 异程式系统采用双 U 同程式系统。

三、异程式地埋管系统管径优化结果

通过对异程式连接管组不同管径下的不平衡率进行计算分析,得到了不同管井数量的管段管径的优化结果。单 U 异程式连接地埋管管组的水平集管的管径配置见图9-7 ~ 图9-10,双 U 异程式连接地埋管管组的水平集管的管径配置见图9-11 ~ 图9-14。

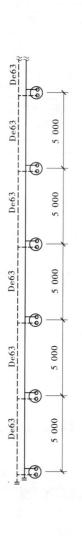

图 9-7 单 U 异程式连接 6 口井管组管径配置

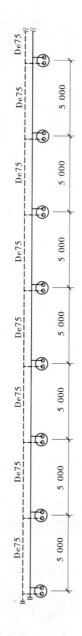

图 9-8 单 U 异程式连接 8 口井管组管径配置

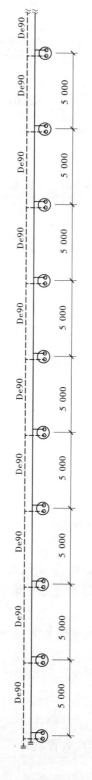

图 9-9 单 U 异程式连接 10 口井管组管径配置

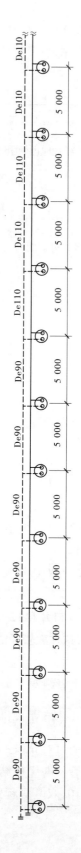

图 9-10 单 U 异程式连接 12 口井管组管径配置

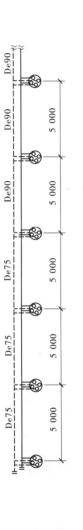

图 9-11 双 U 异程式连接 6 口井管组管径配置

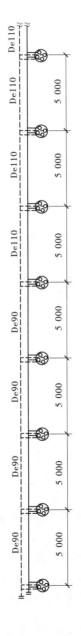

图 9-12 双 U 异程式连接 8 口井管组管径配置

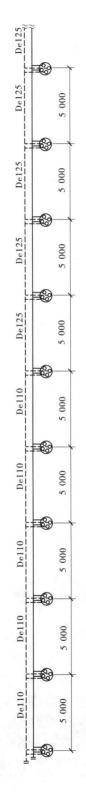

图 9-13 双 U 异程式连接 10 口井管组管径配置

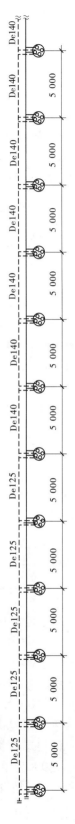

图 9-14 双 U 异程式连接 12 口井管组管径配置

第四节　同程式地埋管系统管道阻力优化

同程式地埋管系统管道阻力优化研究以控制管组的阻力损失为主要目的,根据前文分析,同程式地埋管系统管道阻力优化的目标是将每一个管组的阻力控制在 100 kPa 以内。对于拥有同样管井数量的管组,采用单 U 竖直埋管和双 U 竖直埋管的系统,其系统流量相差 1 倍,使得管组的阻力损失也差异较大,因此分别对单 U 同程式地埋管系统和双 U 同程式地埋管系统进行管道阻力的优化研究,每一种系统形式分别对 6 口井、8 口井、10 口井和 12 口井的管组进行研究。同程式地埋管管组的布置形式和管段编号见图 9-15 ~ 图 9-18。

一、单 U 同程式地埋管系统优化

为了保证换热效果,单 U 形竖直地埋管流速不宜小于 0.6 m/s,本书给出了竖直埋管流速在 0.4 m/s、0.6 m/s、0.8 m/s 和 1.0 m/s 时的单 U 同程式管组系统阻力,并将单 U 同程式地埋管系统管组的阻力控制在 100 kPa 以下。

(一)单 U 同程式连接 6 口井管组

表 9-7 为单 U 同程式连接 6 口井管组的管径优化表,管径 1、管径 2 和管径 3 分别对应三种不同的地埋管管径配置方式,通过分析其管组的阻力曲线(见图 9-19)找到合适的管径配置方式。

表 9-7　单 U 同程式连接 6 口井管组的管径优化表

管段编号	管径 1	管径 2	管径 3
①	De50	De50	De63
②	De50	De50	De63
③	De50	De50	De50
④	De40	De40	De40
⑤	De32	De32	De32
⑥	De32	De32	De32
⑦	De50	De63	De63

管组阻力曲线图中的阻力表示该管组中系统的总阻力,而流速表示竖直地埋管内的流速。

对于单 U 同程式连接 6 口井管组,当竖直地埋管流速为 0.8 m/s 时,管径 1、管径 2、管径 3 所对应的阻力损失分别为 111.2 kPa、91.5 kPa 和 84.2 kPa,管径 2、管径 3 的阻力损失均小于 100 kPa,从减小阻力损失、降低工程造价因素综合考虑,管径 2 更优,因此将管径 2 作为单 U 同程式连接 6 口井管组的最优管径配置。

(二)单 U 同程式连接 8 口井管组

表 9-8 为单 U 同程式连接 8 口井管组的管径优化表。管径 1、管径 2 和管径 3 分别对应三种不同的地埋管管径配置方式,通过分析其管组的阻力曲线(见图 9-20)找到合适的管径配置方式。

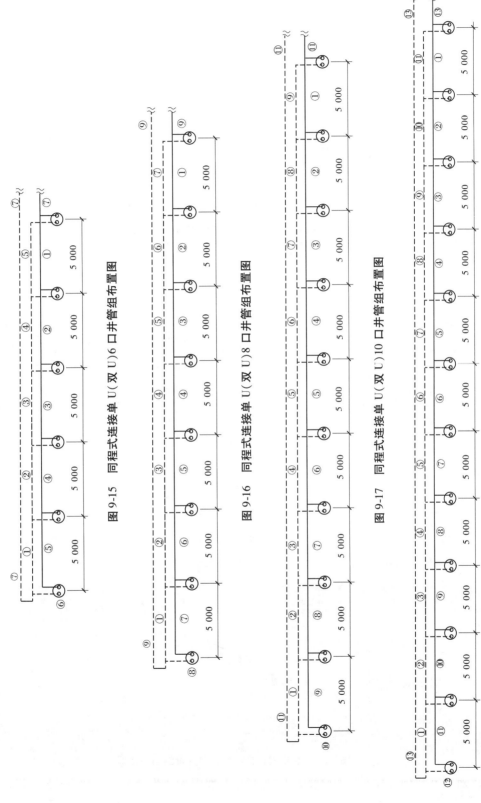

图 9-15　同程式连接单 U（双 U）6 口井管组布置图

图 9-16　同程式连接单 U（双 U）8 口井管组布置图

图 9-17　同程式连接单 U（双 U）10 口井管组布置图

图 9-18　同程式连接单 U（双 U）12 口井管组布置图

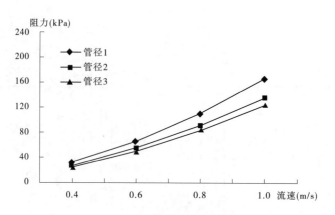

图 9-19 单 U 同程式连接 6 口井管组阻力曲线

表 9-8 单 U 同程式连接 8 口井管组的管径优化表

管段编号	管径 1	管径 2	管径 3
①	De50	De63	De63
②	De50	De50	De63
③	De50	De50	De63
④	De50	De50	De63
⑤	De40	De50	De50
⑥	De40	De40	De40
⑦	De32	De32	De32
⑧	De32	De32	De32
⑨	De50	De63	De63

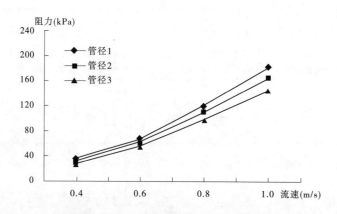

图 9-20 单 U 同程式连接 8 口井管组阻力曲线

对于单 U 同程式连接 8 口井管组,当竖直地埋管流速为 0.8 m/s 时,管径 1、管径 2、管径3所对应的阻力损失分别为123.6 kPa、111.9 kPa和99.2 kPa,管径3的阻力损失小于100 kPa,管径3为单U同程式连接8口井管组的最优管径配置。

(三)单U同程式连接10口井管组

表9-9为单U同程式连接10口井管组的管径优化表。管径1、管径2和管径3分别对应三种不同的地埋管管径配置方式,通过分析其管组的阻力曲线(见图9-21)找到合适的管径配置方式。

表9-9 单U同程式连接10口井管组的管径优化表

管段编号	管径1	管径2	管径3
①	De63	De63	De75
②	De63	De63	De75
③	De50	De63	De75
④	De50	De63	De63
⑤	De50	De63	De63
⑥	De40	De63	De63
⑦	De40	De50	De50
⑧	De40	De40	De40
⑨	De32	De32	De32
⑩	De32	De32	De32
⑪	De63	De63	De75

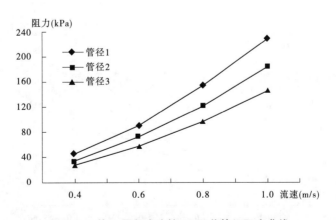

图9-21 单U同程式连接10口井管组阻力曲线

对于单U同程式连接10口井管组,当竖直地埋管流速为0.8 m/s时,管径1、管径2、管径3所对应的阻力损失分别为154.6 kPa、123.5 kPa和98.9 kPa,管径3的阻力损失小于

100 kPa,为降低管组阻力,管径3为单U同程连接10口井管组的最合理管径配置。

(四)单U同程式连接12口井管组

表9-10为单U同程式连接12口井管组的管径优化表。管径1、管径2和管径3分别对应三种不同的地埋管管径配置方式,通过分析其管组的阻力曲线(见图9-22)找到合适的管径配置方式。

表9-10 单U同程式连接12口井管组的管径优化表

管段编号	管径1	管径2	管径3
①	De63	De75	De90
②	De63	De75	De75
③	De63	De75	De75
④	De63	De63	De75
⑤	De63	De63	De75
⑥	De50	De63	De75
⑦	De50	De50	De63
⑧	De40	De50	De63
⑨	De40	De50	De50
⑩	De40	De40	De40
⑪	De32	De32	De32
⑫	De32	De32	De32
⑬	De75	De75	De90

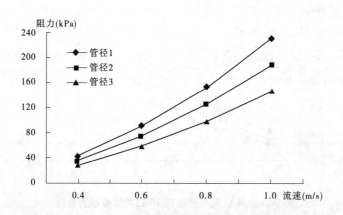

图9-22 单U同程式连接12口井管组阻力曲线

对于单 U 同程式连接 12 口井管组,当竖直地埋管流速为 0.8 m/s 时,管径 1、管径 2、管径 3 所对应的阻力损失分别为 152.8 kPa、125.8 kPa 和 98.2 kPa,管径 3 的阻力损失小于 100 kPa,为降低管组阻力,管径 3 为单 U 同程式连接 12 口井管组的最合理管径配置。

(五)单 U 同程式地埋管系统管径优化结果

通过对单 U 同程式连接管组不同管径下的阻力进行计算分析,得到了不同管井数量的管段管径的优化结果(见表 9-11)。单 U 同程式连接管组在这些管径配置下,当竖直地埋管流速为 0.8 m/s 时,管组的阻力损失均小于 100 kPa。同时,这些管径配置又不仅仅依靠加大管径来减小阻力,所以在经济上是合理的,因此这些管径配置可以作为单 U 同程式连接工程应用时推荐的管径配置形式。图 9-23 ~ 图 9-26 为单 U 同程式连接管组优化后的管径配置。

表 9-11 单 U 同程式连接管径优化结果

管段编号	单 U 6 口井管组	单 U 8 口井管组	单 U 10 口井管组	单 U 12 口井管组
①	De50	De63	De75	De90
②	De50	De63	De75	De75
③	De50	De63	De75	De75
④	De40	De63	De63	De75
⑤	De32	De50	De63	De75
⑥	De32	De40	De63	De75
⑦	De63	De32	De50	De63
⑧	—	De32	De40	De63
⑨	—	De63	De32	De50
⑩	—	—	De32	De40
⑪	—	—	De75	De32
⑫	—	—	—	De32
⑬	—	—	—	De90

二、双 U 同程式地埋管系统优化

为了保证换热效果,双 U 形竖直地埋管流速不宜小于 0.4 m/s,本书给出了竖直埋管流速在 0.2 m/s、0.4 m/s、0.6 m/s 和 0.8 m/s 工况下的双 U 同程式管组系统阻力,并将双 U 同程式地埋管系统管组的阻力控制在 100 kPa 以内,所对应的竖直地埋管的流速定为 0.6 m/s,即以 0.6 m/s 流速时的管组阻力损失作为判断管径配置是否合适的依据。

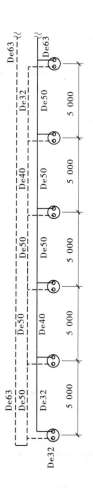

图 9-23　单 U 同程式连接 6 口井管组管径配置

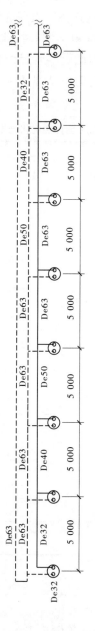

图 9-24　单 U 同程式连接 8 口井管组管径配置

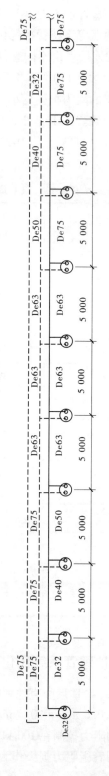

图 9-25　单 U 同程式连接 10 口井管组管径配置

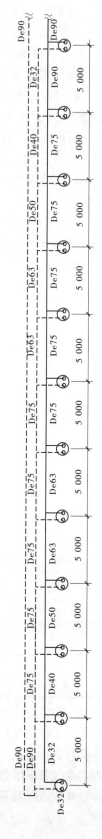

图 9-26　单 U 同程式连接 12 口井管组管径配置

（一）双 U 同程式连接 6 口井管组

表9-12 为双 U 同程式连接 6 口井管组的管径优化表。管径 1、管径 2 和管径 3 分别对应三种不同的地埋管管径配置方式,通过分析其管组的阻力曲线(见图9-27)找到合适的管径配置方式。

表9-12　双 U 同程式连接 6 口井管组的管径优化表

管段编号	管径1	管径2	管径3
①	De50	De50	De63
②	De50	De50	De63
③	De50	De50	De50
④	De40	De40	De40
⑤	De32	De40	De40
⑥	De32	De32	De32
⑦	De50	De63	De63

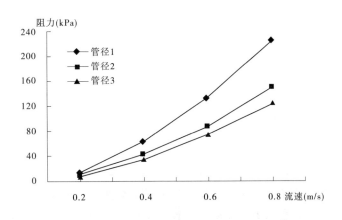

图9-27　双 U 同程式连接 6 口井管组阻力曲线

对于双 U 同程式连接 6 口井管组,当竖直地埋管流速为 0.6 m/s 时,管径 1、管径 2、管径 3 所对应的阻力损失分别为 134.7 kPa、90.7 kPa、75 kPa,管径 2 和管径 3 的阻力损失均小于 100 kPa,综合考虑减小阻力损失、降低工程造价因素,管径 2 更优,因此将管径 2 作为双 U 同程式连接 6 口井管组的最合理管径配置。

（二）双 U 同程式连接 8 口井管组

表9-13 为双 U 同程式连接 8 口井管组的管径优化表。管径 1、管径 2 和管径 3 分别对应三种不同的地埋管管径配置方式,通过分析其管组的阻力曲线(见图9-28)找到合适的管径配置方式。

表 9-13　双 U 同程式连接 8 口井管组的管径优化表

管段编号	管径1	管径2	管径3
①	De63	De63	De63
②	De50	De63	De63
③	De50	De50	De63
④	De50	De50	De63
⑤	De40	De50	De63
⑥	De40	De40	De50
⑦	De40	De32	De40
⑧	De32	De32	De32
⑨	De63	De63	De63

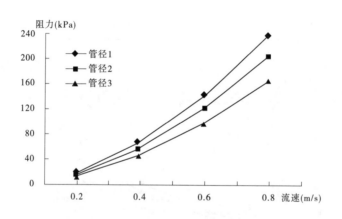

图 9-28　双 U 同程式连接 8 口井管组阻力曲线

对于双 U 同程式连接 8 口井管组,当竖直地埋管流速为 0.6 m/s 时,管径 1、管径 2、管径 3 所对应的阻力损失分别为 142.2 kPa、121.4 kPa、99.4 kPa,管径 3 的阻力损失小于 100 kPa,为避免系统阻力过大导致水力不平衡而影响换热效果,将管径 3 作为双 U 同程式连接 8 口井管组的最合理管径配置。

(三)双 U 同程式连接 10 口井管组

表 9-14 为双 U 同程式连接 10 口井管组的管径优化表。管径 1、管径 2 和管径 3 分别对应三种不同的地埋管管径配置方式,通过分析其管组的阻力曲线(见图 9-29)找到合适的管径配置方式。

对于双 U 同程式连接 10 口井管组,当竖直地埋管流速为 0.6 m/s 时,管径 1、管径 2、管径 3 所对应的阻力损失分别为 135.9 kPa、117.3 kPa、96.2 kPa,管径 3 的阻力损失小于 100 kPa,为避免系统阻力过大导致水力不平衡而影响换热效果,将管径 3 作为双 U 同程式连接 10 口井管组的最合理管径配置。

表 9-14　双 U 同程式连接 10 口井管组的管径优化表

管段编号	管径 1	管径 2	管径 3
①	De63	De63	De75
②	De63	De63	De75
③	De63	De63	De75
④	De63	De63	De75
⑤	De50	De63	De63
⑥	De50	De63	De63
⑦	De50	De50	De63
⑧	De40	De50	De50
⑨	De40	De40	De40
⑩	De32	De32	De32
⑪	De75	De75	De75

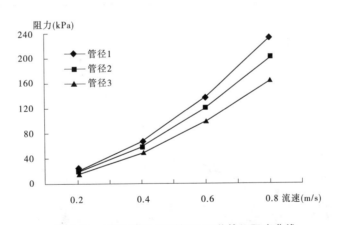

图 9-29　双 U 同程式连接 10 口井管组阻力曲线

(四)双 U 同程式连接 12 口井管组

表 9-15 为双 U 同程式连接 12 口井管组的管径优化表。管径 1、管径 2 和管径 3 分别对应三种不同的地埋管管径配置方式,通过分析其管组的阻力曲线(见图 9-30)找到合适的管径配置方式。

对于双 U 同程式连接 12 口井管组,当竖直地埋管流速为 0.6 m/s 时,管径 1、管径 2、管径 3 所对应的阻力损失分别为 138.9 kPa、126.3 kPa、95.8 kPa,管径 3 的阻力损失小于 100 kPa,为避免系统阻力过大导致水力不平衡而影响换热效果,将管径 3 作为双 U 同程式连接 12 口井管组的最合理管径配置。

表 9-15　双 U 同程式连接 12 口井管组的管径优化表

管段编号	管径1	管径2	管径3
①	De75	De75	De90
②	De75	De75	De75
③	De75	De75	De75
④	De75	De75	De75
⑤	De75	De75	De75
⑥	De75	De75	De75
⑦	De63	De75	De75
⑧	De50	De75	De63
⑨	De50	De63	De63
⑩	De50	De50	De50
⑪	De40	De40	De40
⑫	De32	De32	De32
⑬	De75	De75	De90

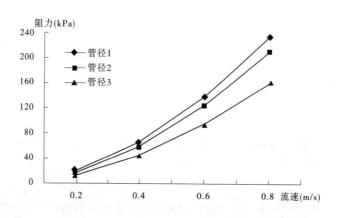

图 9-30　双 U 同程式连接 12 口井管组阻力曲线

（五）双 U 同程式地埋管系统管阻优化结果

通过对双 U 同程式连接管组不同管径下的阻力进行计算分析,得到了不同管井数量的管段管径的优化结果(见表 9-16)。双 U 同程式连接管组在这些管径配置下,当竖直地埋管流速为 0.6 m/s 时,管组的阻力损失均小于 100 kPa。同时,这些管径配置又不过分地加大管径来减小阻力,所以在经济上也是合理的。因此,这些管径配置可以作为双 U 同程式连接工程应用时推荐的管径配置形式。图 9-31 ~ 图 9-34 为双 U 同程式连接管组优化后的管径配置。

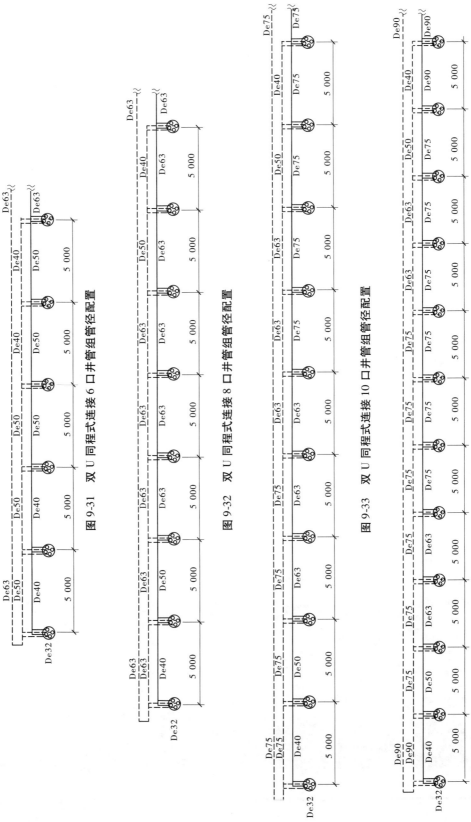

图 9-31 双 U 同程式连接 6 口井管组管径配置

图 9-32 双 U 同程式连接 8 口井管组管径配置

图 9-33 双 U 同程式连接 10 口井管组管径配置

图 9-34 双 U 同程式连接 12 口井管组管径配置

表 9-16　双 U 同程式连接管径优化结果

管段编号	双 U 6 口井管组	双 U 8 口井管组	双 U 10 口井管组	双 U 12 口井管组
①	De50	De63	De75	De90
②	De50	De63	De75	De75
③	De50	De63	De75	De75
④	De40	De63	De75	De75
⑤	De40	De63	De63	De75
⑥	De32	De50	De63	De75
⑦	De63	De40	De63	De75
⑧	—	De32	De50	De63
⑨	—	De63	De40	De63
⑩	—	—	De32	De50
⑪	—	—	De75	De40
⑫	—	—	—	De32
⑬	—	—	—	De90

第十章　地埋管系统泄漏的故障诊断

管道泄漏检测技术最初被应用于油气管道的检测,主要是长距离的输油和输气管道。近年来,随着对城市供水管道安全运行要求的不断提高,管道检漏技术在供水管道上的应用也在不断发展。本书在对现有管道检漏技术进行归纳总结的基础上,对地埋管换热系统的管道检漏方法提出新的检漏技术方案。

第一节　管道泄漏检测技术现状

管道泄漏检测技术的分类方式有多种,根据检测方式的不同,可分为基于硬件的管道检漏方法和基于软件的管道检漏方法。

一、基于硬件的管道检漏方法

(一)直接观察法

直接观察法是指由有经验的工作人员用肉眼观测、闻气味、听声音查出泄漏的位置,或用专门训练过的狗通过辨气味确认泄漏位置。早期的管道泄漏检测方法是有经验的技术人员沿管线行走,查看管道附近异常情况,闻管道释放出来的介质的气味,或听介质从管道泄漏时发出的声音。这种检测方法的结果主要依赖于个人经验和查看前后泄漏的发展。另外一种方法是用经过训练的、能够对管道泄漏物质的气味很敏感的狗进行检测。该方法无法对管道泄漏进行连续检测,灵敏性较差。

(二)线缆检漏法

线缆检漏包括电缆检漏和光纤检漏。电缆检漏和光纤检漏有一共同特性就是将检漏电缆和光纤铺设于管道外,通过对泄漏物分析或分析泄漏物与线缆包覆材料发生反应引起的相关参数的变化,来进行泄漏检测。

电缆检漏法主要是用来检测输油管道泄漏,目前主要包括两种检测电缆:油溶性电缆和渗透式电缆。油溶性电缆检测是通过泄漏物溶解油溶性薄膜而使电缆短路或断路来推测漏油的位置。渗透式电缆的芯线导体的特性阻抗为定值,当油渗透进电缆后,会改变电缆的特性阻抗,从而检测管道的泄漏,并且通过发送和接收电脉冲确定泄漏的位置。

(三)放射性检漏技术

放射性检漏技术是 20 世纪 90 年代初开发的新技术,目前油气管道的放射性检漏技术已经比较成熟,并进入实用阶段,取得了良好的经济效益。我国在 20 世纪 90 年代初开始研究此项技术,并先后研究成功静态法检漏、动态法检漏,还采用放射性检漏技术进行了油气管道泄漏检测的可行性论证。

放射性检漏技术是将放射性标记物(碘或溴)加入管道内,经过泄漏处时,示踪剂漏出附着于泥土中,采用示踪剂检漏仪在管道内部或地表沿线检测,记录漏出示踪元素的放射性数据,根据记录曲线,可找出泄漏部位。示踪剂检测技术对微量泄漏检测的灵敏度很高,能快速检测出微量泄漏,并可确定泄漏点。

(四)光纤传感器检漏技术

光纤传感器是近年来发展的一个热点,它在实现物理量测量的同时,可以实现信号的传输,在解决信号衰减和抗干扰方面有着独特的优越性。用光纤传感器检测管道泄漏的方法是管道中输送的热物质泄漏会引起周围环境温度的变化,利用分布式光纤温度传感器连续测量沿管道的温度分布,当管道的温度变化超过一定的范围时,就可以判断发生了泄漏。或者利用一种聚合物封装光纤光栅,这种聚合物遇到碳氢化合物时会膨胀,没有了碳氢化合物后可恢复。将这种光纤光栅传感器置于待测的地方,如果有碳氢化合物的泄漏,聚合物就会膨胀,光纤产生应变,光栅反射的布拉格波长发生漂移,通过监视布喇格波长的漂移就可知道光纤光栅处的石油泄漏情况。

此外,随着各种分布式光纤传感器的发展,未来可以实现利用一根或几根光纤对天然气管线内介质的温度、压力、流量、管壁应力进行分布式在线测量,这在管道监控系统中具有很大的应用潜力。

二、基于软件的管道检漏方法

(一)负压波法

在泄漏发生时,泄漏处立即产生因流体物质损失而引起的局部液体密度减小,出现瞬时压力降低和速度差,这个瞬时的压力下降作用在流体介质上,就作为减压波源,通过管线和流体介质向泄漏点的上下游以声速传播。当以泄漏前的压力作为参考标准时,泄漏时产生的减压波就称为负压波,其传播的速度在不同规格管线中不同。设置在泄漏点两端或泵站两端的传感器识别压力波信号,根据两端识别压力波的梯度特征和压力变化率的时间差,利用信号相关处理方法就可以确定泄漏位置和泄漏程度。负压波法是目前国际上应用较多的管线泄漏检测和漏点定位方法。

该方法适用于液体介质的长输管道,对泄漏率大的情况,泄漏定位精度和灵敏度高。且由于该方法只需要在管道两端安装压力变送器,具有施工量小、成本低、安装维护方便的特点,因此得到了广泛应用。

由于负压波传播到两端的时间差决定泄漏定位的精度,因此要求数据的采样速率高,数据量大。常规压力传感器不能完成对于泄漏产生的微小(分辨率100 Pa)负压波动的测量。同时,泵组的运行交变压力噪声、阀门开度调整时压力的瞬间变化等因素,给采集泄漏信号造成很多困难。因此,该方法对于比较小的泄漏或已经发生的泄漏检测效果不佳。

(二)压力梯度法

在管道上下游两端各设置两个压力传感器检测压力信号,通过上下游的压力信号分别计算出上下游管道的压力梯度。当没有发生泄漏时,沿管道的压力梯度呈斜直线;当发生泄漏时,泄漏点前的流量变大,压力梯度变陡,泄漏点后的流量变小,压力梯度变平,沿管道的压力梯度呈折线状,折点即为泄漏点,由此可计算出泄漏点的位置。

在实际运行中,由于管道的压力梯度是非线性分布,因此压力梯度法的定位精度较差,并且仪表测量的精度和安装位置都对定位结果有较大的影响。针对这个问题,国内学者提出通过建立反映输送管道沿热力变化的水力和热力综合模型,找到更能反映实际情况的非线性压力梯度分布规律,对输送管道的泄漏进行定位。对于流体在黏度、密度、热容等特性随着沿程温度下降有较大变化的管道而言,该方法具有较大的优越性,但需要流量信号,并且需要建立较复杂的数学模型。

(三)实时模型法

根据瞬变流的水力模型和热力模型,综合管内流体的温度、流量、压力、密度、黏度等参数的变化,建立输送管道的实时模型,在线估计管道的上下游压力、流量等参数。实时模型与实际管道同步运行,定时取得管道上的实际测量值,如上下游的压力、流量等,然后将估计值与实际测量值相比较,当实际测量值与估计值的偏差大于一定范围时,即认为发生了泄漏。

实时模型法对管道模型的准确性要求高,但影响管道模型准确性的因素较多,计算量较大。另外,该方法需要安装流量计,对仪表的精度要求高,因而使用该方法进行输送管道的泄漏检测和定位有一定的难度。

(四)基于动态质量平衡原理检测法

动态质量平衡原理是对于一条管道,在一段时间内,流量计测量到的管道入口流量可能不等于管道的出口流量,这种差异归因于流量测量误差和对管道中油品存余量变化的估计,根据动态质量平衡原理,考虑压力 – 温度 – 多重黏性参数变化的影响,可进行动态质量平衡计算。最后通过将计算出来的结果与某一设定的阈值相比较来判断是否发生泄漏。该方法是一种重要的实用检测方法,也是当代许多新建管道泄漏检测技术的基础。国外管道运营公司最普遍的做法就是连续测量管道入口和出口的流量,应用动态质量平衡计算法监测管道,以确定管道是否发生泄漏。

该方法设定合适的管道泄漏阈值非常困难,阈值设定过低,管道检漏系统很容易发生误报警;而阈值设定过高,管道检漏系统的灵敏度和准确性很低,往往是比较大的管道泄漏已经发生而检漏系统仍不会报警。

(五)统计检漏法

该方法是根据管道出入口的流量和压力,连续计算流量和压力之间的关系。当发生泄漏时,流量和压力之间的关系就会发生变化,应用序列概率比试验方法和模型识别技术对实际测量的流量值和压力值进行分析,计算发生泄漏的概率,从而判断是否发生了泄漏。此方法采用最小二乘法对泄漏点进行定位,但定位精度受检测仪表精度的影响比较大。

(六)声波法

声波法的检测原理是当输送管管壁破裂时,管内的流体瞬间自洞孔喷出,管内外压力差将产生特定频率的声波信号,信号会沿上下游的管线传送,利用信号到达管线传感器的时间差,可计算出泄漏位置。该方法具有以下特点:

(1)能在短时间内探测出泄漏位置。探测气体介质管道 3 km 约用 15 s,15 km 约 50 s;探测油管 3 km 约 10 s,15 km 约 20 s,两探头间距最远达 90 km。

(2)泄漏源定位精度为 30 m。

(3)具有高灵敏度、高分辨率,在流体静止、泵组启动、阀门开关时,皆可正常操作和监视。

(4)泄漏小于正常流量的 1% 时也可检测。

(5)具有智能型数据采集器,可以自动过滤周围环境噪声,使误报率降低。

(七)瞬变流模型法

管道输送能力发生变化(流量变化)的过程中,会在管内引起瞬变流动,产生瞬变压力和压力波。瞬变流模型法是利用流体状态方程、质量守恒方程、动量守恒方程和能量守恒方程建立准确描述管内瞬变流动过程的数学模型,并通过计算机技术进行求解,再根据计算值和测量值的偏差检测泄漏。

(八)压力点分析法

压力点分析法可用于气体、液体的多相流管道的检测。当管线处于稳定工况时,流体的压力、速度和密度的分布是不随时间变化的。当泵供给的能量变化时,上述参数是连续变化的。当管道发生泄漏后,流体将过渡至新的稳态。过渡时间从几分钟到十几分钟不等,由动量和冲量定理确定。利用压力点分析法检测流体从某一稳态过渡到另一稳态时管道内流体压力、速度和密度的变化情况,来判断是否包含有泄漏信号。

(九)基于人工神经网络的检漏法

基于人工神经网络的输送管道诊断方法,是将管道泄漏特征指标构造输入矩阵,通过对实际输送管道不同的泄漏信号、不同的正常信号构造的矩阵进行学习,建立起应力波时域和频域特征管道状况的 BP 网络(非线性映射网络)。利用人工神经网络,通过对管道泄漏应力波和管道无泄漏时的自学习、自联想,提高管道的自判断能力。人工神经网络系统可根据环境变化和误报、漏报纠正后,自动更新网络参数,并能够应用在管道其他类型故障,如堵塞、积沙、积蜡等诊断与监测中。但总的来看,基于人工神经网络的检漏法仍处于试验阶段,还有许多需要解决的问题。

三、管道检漏方法总结

目前,各种管道泄漏检测技术都没能很好地解决泄漏检测响应速度、系统漏报性和可靠性、泄漏检测灵敏度、定位精度和系统成本之间的关系,其关键问题是没能很好地解决泄漏检测灵敏度和减少泄漏误报之间的矛盾。原因是泄漏检测和定位技术缺乏自适应性,而且泄漏检测系统的性能很大程度上取决于数据采集仪表的灵敏度。

同时,单独采用管道自动监控系统有时不能有效地检测微量的泄漏,这就需要辅以必要的人工巡检等方法来加强检测。因此,在管道运行初期和后期,除采用管道自动监控系统进行检漏外,还可采用携带仪器的检测车进行人工巡检来发现管道自动监控系统未能检出的泄漏。

第二节 地埋管系统的泄漏故障

地埋管系统与其他的有压液体管道相比,既有相同和相似的方面,也有其自身的特点。地埋管系统的流体介质为水,管材为 PE 塑料管材,系统形式为闭式循环流动系统。地埋管系统可分为竖直地埋管和水平地埋管,竖直地埋管管径较小(一般为 De32),竖直方向埋设,端部埋设深度可达 100 m 左右;水平地埋管管径一般 ≥De63,埋设深度在 -1~2.5 m。通过对地埋管系统分析,可以归纳出地埋管检漏具有如下特点:

(1)管材为塑料管,管径小,管线排布密集。

(2)管网区域的范围不大,即管道的长度较短,但竖直地埋管的埋深大。

（3）竖直地埋管发生渗漏后,没有修复的可能,因此对竖直地埋管泄漏点的定位不要求精确。

（4）管道泄漏量小,泄漏危害性小。地埋管系统发生大量泄漏的可能性很小,而一旦发生大量的漏水,由于地埋管系统为循环式流动系统,可很快从补水系统的异常工作状态观察到。

根据地埋管换热系统泄漏检测的特点,对竖直地埋管泄漏,采用压力监测的方法;对水平地埋管泄漏,采用漏水点声波探测的方法。

第三节　水平地埋管泄漏检测

对于地埋管系统水平埋管的泄漏检测,根据地埋管系统的管材、流体介质、压力、埋设深度等特点,选择各方面都与之相似的自来水供水管道作为参考,借鉴供水管道的泄漏检测技术,将比较成熟的技术用于水平地埋管的检漏。

供水管道检漏按原理不同可分为声学检漏、红外线成像、雷达检漏、气体检漏、核磁共振、管内摄像等几种。其中,红外线成像、雷达检漏、气体检漏、核磁共振、管内摄像等检漏方法存在适应性差、操作烦琐、成本高、技术不成熟等缺点,在我国应用较少,而声学检漏手段自20世纪80年代末从国外引进以来,在国内各供水企业得到广泛推广,因此将声学检漏技术作为水平地埋管的检漏方法。

一、漏水点声波探测的原理

当管网某一部位出现漏点后,管网内的水在通过此点时,在管网运行压力的作用下从漏点被挤压出来,同时使管网漏点处产生振动,再通过管道自身介质,以一定的速度将振动声波向周围进行传递。通过一定的仪器和方法对声波进行探测就可以找到声源,从而确定漏水点的位置。

二、漏水点声波探测的方法

（一）阀栓听音法
阀栓听音法是用听音棒接触管道暴露点,如阀门、裸露的管道部位等,仔细辨别耳机中声音,判断是否有漏水声存在。

阀栓听音法使用的仪器包括机械式听音杆、电子式检漏仪等,阀栓听音法的特点是声波经接触杆传到耳朵或耳机放大,音质单纯,无杂音,易分辨且强度变化明显。但机械式听音杆低频损失较多,需要丰富的测漏工作经验才能准确找到漏水点。

（二）地面听音法
地面听音法使用地面拾音器沿管道在地面进行检测。

地面听音法使用的仪器包括电子放大听漏仪、智能数字滤波检漏仪等。

地面听音法在发现异常区域应多次反复测量,并对噪声频率和强度变化进行比较,直到确认异常位置。地面听音法易受环境噪声影响,一般在夜间工作。

（三）相关检漏法
相关检漏法通过相关仪接收安装在管道上的两个传感器采集的噪声信号并自动进行相

关分析计算,给出漏点与传感器的距离。

相关检漏法使用的仪器为多探头相关仪。

相关检漏法测量结果准确可靠,受人为因素影响小;抗干扰能力强,几乎不受环境噪声影响;同时不受埋深限制。

(四)噪声自动监测法

噪声自动监测法是用泄漏噪声自动监测仪进行大面积管网漏水监测的方法。泄漏噪声自动监测仪是由多个记录仪组成的整体化声波接收系统。多台记录仪被安装在管网上不同地点,如阀门、裸露的管道上,按预定的时间同时开关机,并统计记录管网的噪声信号。该信号被数字化后储存在记录仪的存储器内并可传输到计算机经专业软件进行分析处理,从而查明记录仪附近管道是否存在泄漏。

噪声自动监测法的特点是可以进行大面积管网漏水的监测,为漏水点精确定位提供依据。

三、漏水点声波探测的步骤

(一)管网资料的收集与分析

收集地埋管管网的图纸等资料,确定管道位置和阀栓分布,为管道漏水检测工作的开展提供依据。

(二)对漏水噪声进行监测识别

分析地埋管管网结构,按照一定的步骤和次序对管网进行噪声检测。使用听音杆,对暴露管路和阀门进行听音调查,对有异常声响的管段进行记录,以便对异常管段进行地面听音。

(三)地面听音调查

对区域噪声检测分析确定的漏水区间进行地面听音,进行漏水点定位和漏水异常点预定位。使用听漏仪,沿管道走向,在地面上检取漏水点传播至地面的漏水声波,以进一步确定漏水可能发生的区域。

(四)相关确认

分析上述方法确定的漏水区间附近的管网结构,选取合理的相关点,用相关仪器进行相关测试,精确确定漏水点的位置。

(五)打孔听音确认

在怀疑漏水点上方,精确确定管道位置和埋深,用相应工具打孔至管道附近,用听音棒插入孔中,听取漏水噪声,并查看是否有漏水迹象。

第四节　基于PCA的地埋管泄漏检测与故障诊断

根据竖直地埋管换热系统泄漏的特点,对竖直地埋管泄漏采用压力监测的方法。但由于在系统运行监测诊断中获取的数据信息维数较高,以及故障信息随机性、分散性等特点,因此需借助数学分析的方法,通过压缩信息维数分析其相关特性,利用主成分分析法分析土壤源热泵系统地埋管的压力运行数据,对地埋管系统的泄漏故障进行检测。

一、主成分分析法（PCA）建模的基本方法与应用

主成分分析法（Principal Component Analysis, PCA）是一种数学变换的方法，它把给定的一组相关变量通过线性变换转成另一组不相关的变量，这些新的变量按照方差依次递减的顺序排列。在数学变换中保持变量的总方差不变，使第一变量具有最大的方差，称为第一主成分，第二变量的方差次大，并且和第一变量不相关，称为第二主成分。

主成分分析法是把原来多个变量转化为少数几个综合指标的一种统计分析方法，从数学角度来看，这是一种降维处理技术。假定有 n 个数据样本，每个样本共有 p 个变量描述，这样就构成了一个 $n \times p$ 阶的数据矩阵：

$$X = \begin{bmatrix} x_{11} & x_{12} & \cdots & x_{1p} \\ x_{21} & x_{22} & \cdots & x_{2p} \\ \vdots & \vdots & & \vdots \\ x_{n1} & x_{n2} & \cdots & x_{np} \end{bmatrix} \tag{10-1}$$

如何从这么多变量的数据中抓住事物的内在规律性呢？要解决这一问题，自然要在 p 维空间中加以考察，这是比较麻烦的。为了克服这一困难，就需要进行降维处理，即用较少的几个综合指标来代替原来较多的变量指标，而且使这些较少的综合指标既能尽量多地反映原来较多指标所反映的信息，同时它们之间又是彼此独立的。那么，这些综合指标（新变量）应如何选取呢？显然，其最简单的形式就是取原来变量指标的线性组合，适当调整组合系数，使新的变量指标之间相互独立且代表性最好。

如果设原来的变量指标为 $x_1, x_2, \cdots, x_p$，它们的综合指标——新变量指标为 $z_1, z_2, \cdots, z_m$ ($m \leqslant p$)，则

$$\begin{cases} z_1 = l_{11}x_1 + l_{12}x_2 + \cdots + l_{1p}x_p \\ z_2 = l_{21}x_1 + l_{22}x_2 + \cdots + l_{2p}x_p \\ \vdots \\ z_m = l_{m1}x_1 + l_{m2}x_2 + \cdots + l_{mp}x_p \end{cases} \tag{10-2}$$

在式（10-2）中，系数 l_{ij} 由下列原则来决定：

（1）z_i 与 z_j（$i \neq j; i, j = 1, 2, \cdots, m$）相互无关。

（2）z_1 是 $x_1, x_2, \cdots, x_p$ 的一切线性组合中方差最大者；z_2 是与 z_1 不相关的 $x_1, x_2, \cdots, x_p$ 的所有线性组合中方差最大者；z_m 是与 $z_1, z_2, \cdots, z_{m-1}$ 都不相关的 $x_1, x_2, \cdots, x_p$ 的所有线性组合中方差最大者。

这样确定的新变量指标 $z_1, z_2, \cdots, z_m$ 分别称为原变量指标 $x_1, x_2, \cdots, x_p$ 的第 1，第 2，…，第 m 主成分。其中，z_1 在总方差中占的比例最大，$z_2, z_3, \cdots, z_m$ 的方差依次递减。在实际问题的分析中，常挑选前几个最大的主成分，这样既减少了变量的数目，又抓住了主要矛盾，简化了变量之间的关系。

从以上分析可以看出，找主成分就是确定原来变量 x_j（$j = 1, 2, \cdots, p$）在主成分 z_i（$i = 1, 2, \cdots, m$）上的载荷 l_{ij}（$i = 1, 2, \cdots, m; j = 1, 2, \cdots, p$），从数学上容易知道，它们分别是 $x_1, x_2, \cdots, x_p$ 的相关矩阵的 m 个较大的特征值所对应的特征向量。

通过上述主成分分析的基本原理的介绍，我们可以把主成分分析计算步骤归纳如下：

（1）计算相关系数矩阵。

$$
\boldsymbol{R} = \begin{bmatrix} r_{11} & r_{12} & \cdots & r_{1p} \\ r_{21} & r_{22} & \cdots & r_{2p} \\ \vdots & \vdots & & \vdots \\ r_{p1} & r_{p2} & \cdots & r_{pp} \end{bmatrix} \tag{10-3}
$$

在式（10-3）中，$r_{ij}(i,j=1,2,\cdots,p)$ 为原来变量 x_i 与 x_j 的相关系数，其计算公式为

$$
r_{ij} = \frac{\sum\limits_{k=1}^{n}(x_{ki}-\bar{x}_i)(x_{kj}-\bar{x}_j)}{\sqrt{\sum\limits_{k=1}^{n}(x_{ki}-\bar{x}_i)^2 \sum\limits_{k=1}^{n}(x_{kj}-\bar{x}_j)^2}} \tag{10-4}
$$

因为 $\boldsymbol{R}$ 是实对称矩阵（即 $r_{ij}=r_{ji}$），所以只需计算其上三角元素或下三角元素即可。

（2）计算特征值与特征向量。

首先解特征方程 $|\lambda\boldsymbol{I}-\boldsymbol{R}|=0$ 求出特征值 $\lambda_i(i=1,2,\cdots,p)$，并使其按大小顺序排列，即 $\lambda_1\geqslant\lambda_2\geqslant\cdots\geqslant\lambda_p\geqslant0$；然后分别求出对应于特征值 λ_i 的特征向量 $e_i(i=1,2,\cdots,p)$。

（3）计算主成分贡献率及累计贡献率。

主成分 z_i 贡献率：$r_i/\sum\limits_{k=1}^{p}\gamma_k(i=1,2,\cdots,p)$，累计贡献率：$\sum\limits_{k=1}^{m}\gamma_k/\sum\limits_{k=1}^{p}\gamma_k$。

一般取累计贡献率达 85% ～95% 的特征值 $\lambda_1,\lambda_2,\cdots,\lambda_m$ 所对应的第一，第二，$\cdots$，第 m（$m\leqslant p$）个主成分。

（4）计算主成分载荷。

$$
p(z_k,x_i) = \sqrt{\gamma_k}e_{ki} \quad (i,k=1,2,\cdots,p) \tag{10-5}
$$

由此可以进一步计算主成分得分：

$$
\boldsymbol{Z} = \begin{bmatrix} z_{11} & z_{12} & \cdots & z_{1m} \\ z_{21} & z_{22} & \cdots & z_{2m} \\ \vdots & \vdots & & \vdots \\ z_{n1} & z_{n2} & \cdots & z_{nm} \end{bmatrix} \tag{10-6}
$$

二、基于 PCA 的地埋管泄漏故障检测与诊断方法

基于主成分分析法（PCA）进行故障检测与诊断的基本流程（见图10-1）主要包括四个过程：PCA 模型建立过程、数据采集过程、故障检测过程和故障诊断过程。

（1）PCA 模型建立过程：主要是将正常运行条件下的数据进行过滤后，建立系统 PCA 模型，得到主成分子空间和残差子空间，并确定平方预测误差 SPE 统计量的限定值。

（2）数据采集过程：主要是采集监测条件下的数据，进行数据过滤后输入已建立的 PCA 模型。

（3）故障检测过程：是将监控条件下的数据与 PCA 模型进行比较，看是否满足模型。将获取的运行数据分别投影到主成分子空间和残差子空间，分析 SPE 统计量。当某一故障发生时，测量数据就会偏离主成分子空间而增加其在残差子空间内的投影，导致与正常运行数据下相比，SPE 统计量数值较大。若 SPE 值持续超过其置信限 δ^2，则认为系统出现故障，进入下一环节；否则，则认为系统运行正常，得到诊断结果。

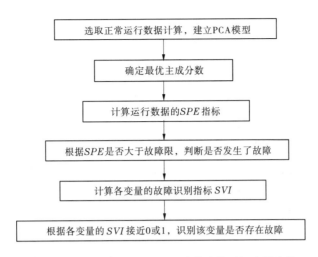

图 10-1 基于主成分分析法的故障检测与诊断流程

（4）故障诊断过程：主要是通过传感器有效性指数 SVI 进行故障识别，鉴别出现故障的传感器。

（一）建模

主成分分析法是一种多元统计过程控制法，可以有效降低高维数据的维数。降低维数对寻找高维数据的内在规律十分重要，从而可用较少的综合指标表示较多的变量指标。利用土壤源热泵系统的正常运行数据，建立 PCA 模型，PCA 法的建模过程可分为以下几个步骤：

（1）对测量数据进行归一化处理，消除各变量单位和数据自噪声的负面影响。

（2）计算系统正常运行数据的协方差矩阵 $\boldsymbol{\Sigma}$。

$$\boldsymbol{\Sigma} = \frac{1}{n-1}\sum_{i=1}^{n} X_i X_i^{\mathrm{T}} = \frac{1}{n-1}\boldsymbol{X}^{\mathrm{T}}\boldsymbol{X} \tag{10-7}$$

式中　$\boldsymbol{\Sigma}$——系统正常运行数据的协方差矩阵；

　　$\boldsymbol{X}$——系统正常运行数据的矩阵，$\boldsymbol{X} \in \boldsymbol{R}^{n \times m}$；

　　$\boldsymbol{X}^{\mathrm{T}}$——系统正常运行数据的矩阵的转置矩阵；

　　m——系统测量变量的数量；

　　n——测量数据的个数。

（3）分解协方差矩阵 $\boldsymbol{\Sigma}$，求解出 m 个特征值 $\lambda_i(i=1,\cdots,m)$，$\lambda_1 \geqslant \lambda_2 \geqslant \cdots \geqslant \lambda_m$，求解出与 λ_i 相应的特征向量 $\boldsymbol{P}$。

（4）确定最优主成分数 l。

（5）根据最优主成分数 l，计算负荷矩阵 $\hat{\boldsymbol{P}}$。

（6）利用下式计算负荷矩阵 $\hat{\boldsymbol{P}}$ 的主成分子空间 $\boldsymbol{C}$ 和残差子空间 $\tilde{\boldsymbol{C}}$。

$$\hat{\boldsymbol{P}} = \begin{bmatrix} P_1 & P_2 & \cdots & P_l \end{bmatrix} \tag{10-8}$$

$$\boldsymbol{C} = \hat{\boldsymbol{P}}\hat{\boldsymbol{P}}^{\mathrm{T}} \tag{10-9}$$

式中　$\hat{\boldsymbol{P}}$——计算负荷矩阵；

$$C——\hat{P} \text{ 的主成分子空间。}$$

$$\tilde{P} = \begin{bmatrix} P_{l+1} & P_{l+2} & \cdots & P_m \end{bmatrix} \tag{10-10}$$

$$\tilde{C} = \tilde{P}\tilde{P}^{\mathrm{T}} = (I - C) \tag{10-11}$$

式中　$\tilde{C}$——残差子空间;

　　　I——模型所包含的主成分数。

主成分子空间主要包含测量数据的正常部分,而残差子空间主要包含测量数据的故障或测量噪声。利用系统正常运行数据建立 PCA 模型之后,建立的 PCA 模型可用于检测和诊断土壤源热泵系统地埋管泄漏故障。

(二)确定最优主成分数

最优主成分数 l 是主成分分析法中最重要的参数,l 对传感器故障检测结果有直接影响。如果 l 的值太小,置信限将会太大,不利于小故障的检测;如果 l 的值太大,残差子空间将会太小,不利于传感器故障的检测。因此,确定最优主成分数 l 十分重要,本书将根据不可重构方差来选择最优主成分数。

$$u_j = \mathrm{var}(\xi_j^{\mathrm{T}}(x_j - x_j^*)) = \frac{\xi_j^{\mathrm{T}}(I - C)\sum(I - C)\xi_j}{[\xi_j^{\mathrm{T}}(I - C)\xi_j]^2} \tag{10-12}$$

式中　x_j——x 的第 j 个分量;

　　　x_j^*——x_j 的重构值;

　　　ξ_j^{T}——故障方向向量;

　　　u_j——不可重构方差。

u_j 的值越小,x_j 的重构值将会越好,因此可通过寻找最小的不可重构方差的总和来确定最优主成分数,u_j 可用式(10-13)进行优化:

$$\mathop{\mathrm{Min}}\limits_{l}(\sum_{j=1}^m u_j) \tag{10-13}$$

式中　m——测量样本数。

针对不同的最优主成分数 l,分别计算出 $\sum u_j$,最小的 $\sum u_j$ 所对应的主成分数就是最优主成分数。

(三)故障检测

本书通过比较平方预测误差(SPE)和置信限(δ^2)来检测地埋管泄漏故障。若 $SPE \leqslant \delta^2$,则认为系统的地埋管是正常运行的;若 $SPE > \delta^2$,则认为土壤源热泵系统地埋管存在泄漏故障或异常。运行数据矩阵 X 可分解为两部分:

$$X = \hat{X} + \tilde{X} \tag{10-14}$$

$$\hat{X} = CX \tag{10-15}$$

$$\tilde{X} = \tilde{C}X \tag{10-16}$$

式中　$\hat{X}$——X 在主成分子空间内的投影;

$\widetilde{X}$——X 在残差子空间内的投影,如果残差部分显著增大,将认为运行数据中存在故障或异常;

C——对称矩阵。

SPE 是测量值与重构值之间偏差的平方和,SPE 的定义式是:

$$SPE(X) = \parallel \widetilde{X} \parallel^2 = \parallel \overline{C}X \parallel^2 = X^{\mathrm{T}}(I - C)X \tag{10-17}$$

SPE 可根据其定义式从运行数据矩阵中计算得到。SPE 的置信限 δ^2 可用以下公式计算得到。

$$\delta_\alpha^2 = \theta_1 \left[\frac{C_\alpha \sqrt{2\theta_2 h_0^2}}{\theta_1} + 1 + \frac{\theta_2 h_0(h_0 - 1)}{\theta_1^2} \right]^{\frac{1}{h_0}} \tag{10-18}$$

$$\theta_1 = \sum_{j=l+1}^{m} \lambda_j \tag{10-19}$$

$$\theta_2 = \sum_{j=l+1}^{m} \lambda_j^2 \tag{10-20}$$

$$\theta_3 = \sum_{j=l+1}^{m} \lambda_j^3 \tag{10-21}$$

$$h_0 = 1 - \frac{2\theta_1 \theta_3}{3\theta_2^2} \tag{10-22}$$

式中　C_α——标准正态分布的置信限;

　　　λ——协方差矩阵的特征值。

(四)故障诊断

当土壤源热泵系统地埋管泄漏故障发生时,运行数据的故障向量可以表示为

$$x = x^* + f\xi_i \tag{10-23}$$

式中　x^*——正常数据;

　　　f——故障大小;

　　　ξ_i——故障方向。

对于故障数据 X,由于存在故障,$SPE(X)$ 将会显著增加,如果故障重构的方向正好是故障发生方向,重构后的 $SPE(x_j^*)$ 将会显著减少。如果故障重构的方向不是故障发生方向,重构后的 $SPE(x_j^*)$ 将不会显著减少。因此,传感器有效性指数(SVI)可以用于泄漏故障的故障辨识,传感器有效性指数可表示为

$$SVI_j = \frac{SPE(x_j^*)}{SPE(x_j)} \tag{10-24}$$

式中,x_j^* 是测量向量 x 沿着第 j 个方向重构后的数据向量,如果 SVI_j 接近 1,则意味着第 j 个故障重构方向不是故障发生的方向;反之,如果 SVI_j 接近 0,则意味着第 j 个故障重构方向就是故障发生的方向。

三、地埋管泄漏故障检测的验证

本书提出的地埋管泄漏检测、故障诊断与数据恢复方法在实际的土壤源热泵系统中进行了验证。郑州某高校图书馆,建筑面积为 4 万 m^2,采用土壤源热泵系统为建筑提供空调

冷热水。室外地埋管换热器布置在图书馆北侧人工湖中,共设510个钻孔,钻孔间距为5m,钻孔孔径为0.18 m,钻孔有效换热深度为100 m,垂直地埋管规格为外径De32的双U形高密度聚乙烯埋管。室外地埋管换热器12~13个地埋管设为1个支路,支路上地埋管采用并联同程式连接,各水平分支管接至室外地埋管小室的分集水器上,小室内分集水器上的供回水管接至热泵机房内土壤源侧分集水器上,在水平分支管上设有压力测量装置(见图10-2)。

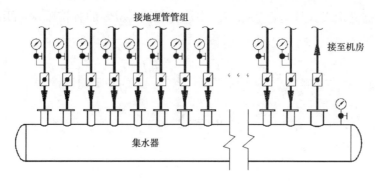

图 10-2　地埋管系统压力测量装置安装示意图

(一)泄漏故障的引入

为了验证提出的土壤源热泵系统地埋管泄漏检测与故障诊断方法的正确性和有效性,系统的1个压力测量数据被置换为地埋管故障数据。为了更清楚地说明问题,每次只有1个压力测量数据被引入故障。土壤源热泵的监控系统每10 min自动保存1次压力测量数据,取100 h的运行数据,因此土壤源热泵系统压力样本数是600。本研究主要涉及3类数据:训练数据、正常数据和故障数据。前30 h的土壤源热泵系统压力测量数据是训练数据,用于建立主成分分析法模型。第31~50 h的压力测量数据是正常数据,用于验证故障诊断方法对正常数据的有效性。第51~100 h的压力测量数据是故障数据,用于验证泄漏检测与故障诊断方法的正确性和有效性。为了验证检测和诊断地埋管泄漏故障的能力,1个压力测量数据被引入了30%的偏差。

(二)训练 PCA 模型

利用主成分分析法对前20 h的训练数据进行建模,并利用建立的模型确定最优主成分数。本书确定的最优主成分数是1,图10-3给出了最优主成分数。最优主成分数确定之后,就可以计算负荷矩阵 $\hat{P}$,然后,计算映射矩阵 C 和 $\tilde{C}$。根据建立的模型,SPE 在95%置信水平的置信限可被计算确定,置信限是2.3。

(三)地埋管泄漏检测

土壤源热泵系统第31~100 h的正常数据和故障数据被用于验证泄漏检测与故障诊断方法。图10-4给出了土壤源热泵系统第31~100 h压力数据的故障检测结果。图中前300个压力测量样本的 SPE 均小于置信限值,说明土壤源热泵系统地埋管工作正常。图中第301~600个压力测量样本是引入30%偏差的故障数据,SPE 从第301个压力测量样本开始显著增大并逐渐超过了置信限。这说明地埋管系统发生了泄漏故障或压力传感器故障,并且地埋管泄漏故障被成功地检测出来。

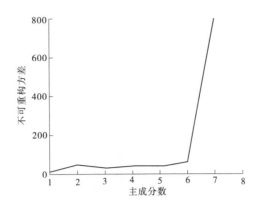

图 10-3　最优主成分数

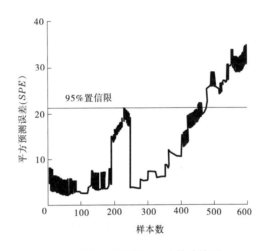

图 10-4　地埋管泄漏的故障检测

(四)地埋管泄漏故障诊断

图 10-5 给出了土壤源热泵系统被引入故障后第 301~100 h 压力传感器的故障诊断结果。图中前 300 个压力测量样本的 SVI 接近 1,说明土壤源热泵系统地埋管工作正常。图中第 301~600 个压力测量样本是引入 30% 偏差的故障数据,压力传感器的 SVI 均小于 0.5,意味着该压力传感器所在子系统发生了地埋管泄漏故障或压力传感器故障。

图 10-6 给出了其余没有被引入故障的压力测量数据的故障诊断结果。图中的 600 个压力测量样本的 SVI 均大于 0.5,意味着该压力传感器所在子系统没有发生地埋管泄漏故障或压力传感器故障。

本节利用地埋管的压力监测数据,给出了一种基于主成分分析法的泄漏检测与故障诊断方法。利用主成分分析法对正常运行条件下的系统压力测量数据进行建模,将测量空间分为主成分子空间与残差子空间。平方预测误差和传感器有效性指数分别被用于故障检测和故障辨识,故障数据被投影到主成分子空间与残差子空间内,进行多次迭代计算,不断减少在残差子空间内的投影,通过逐步逼近主成分子空间可以实现故障数据的恢复。基于实际系统的验证结果,表明提出的地埋管泄漏检测和故障诊断方法具有很好的泄漏检测与故

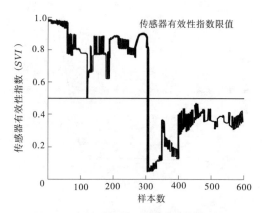

图 10-5　地埋管泄漏的故障诊断结果一

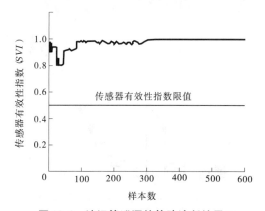

图 10-6　地埋管泄漏的故障诊断结果二

障诊断效果,因此可以将这种方法应用于地埋管系统(尤其是竖直埋管)泄漏的检测和故障诊断。

第五节　预防地埋管堵塞的措施

预防地埋管堵塞的主要措施如下:

(1)严格遵守地埋管下管施工工艺,防止异物进入管内,下管前进行吹管、洗管至管内无异物,下管时注意管口密封,保证地埋管内无异物进入。

(2)采用特殊结构 U 形弯,在 U 形弯处设置异物沉降管(弯)。

(3)在集、分水器管侧设置过滤网,防止机组内部异物进入地埋管内。

(4)地埋管侧循环水应符合相关水质要求,防止循环水、循环介质腐蚀金属容器,产生锈蚀物。

(5)预防土壤冻土层内埋管结冻堵塞,水平集管埋管顶部应在冻土层以下 0.4 m,且距地表深度不宜小于 0.8 m。

(6)确保冻土层内埋管防潮、保温效果满足规范、设计文件要求。

(7)严格遵守地埋管焊接施工工艺,防止热熔过程中造成缩管堵塞,或因热熔不当造成的管口变形。

（8）防止水平管连接时有异物进入管内。

（9）确保水压试验的水质符合规范要求，防止水压试验注水时，异物进入管内。

（10）地埋管换热系统，在相关物理、化学、微生物等因素作用下，容易出现结垢、腐蚀、污物沉积和菌藻繁殖现象，造成换热效率降低、管道阻塞。地埋管管内换热介质应采用软化水，减少细菌、藻类生存的营养物，选择 YZ 型防腐阻垢剂，抑制细菌和藻类的繁殖、生存。

第十一章　热物性测试

第一节　土壤热物性测试目的及意义

热物性测试的主要目的为准确测试出岩土热物性参数,包括地埋管侧土壤初始平均温度、每延米换热量、土壤综合比热容、综合导热系数等;地埋管换热系统设计是土壤源热泵系统设计中最重要部分,地埋管换热器埋设数量需要以准确的土壤热物性参数为计算依据,土壤热物性参数大小对钻孔数量及深度具有重要影响,进而影响系统的初投资额。土壤热物性参数测试的准确性,决定着地埋管换热系统设计负荷与实际负荷的偏差大小。研究结果表明:当地下岩土导热系数发生 10% 的偏差时,则设计的地下埋管长度偏差为 4.5% ~ 5.8% ,甚至造成换热量不足、初投资增加,因而土壤热物性参数的准确性直接关系到地埋管换热系统设计成败。

《地源热泵系统工程技术规范》(GB 50366)中规定:当地埋管地源热泵系统的应用建筑面积在 5 000 m² 以上,或实施了岩土热响应试验的项目时,应利用岩土热响应试验结果进行地埋管换热器的设计。地埋管土壤源热泵系统建筑面积大于等于 10 000 m² 时,测试孔的数量不应少于 2 个,对 2 个及以上测试孔的测试,其测试结果应取算术平均值。在土壤热物性测试之前,应对测试地点进行实地勘察,根据地质条件复杂程度,确定测试孔数量和测试方案。

第二节　土壤热物性测试方法

常用的热物性测试方法主要有土壤类型辨别法、稳态试验法、数值模拟法、非稳定热流法、现场热响应试验法。

一、土壤类型辨别法

土壤类型辨别法指在施工现场钻孔取样,通过采集的样品确定岩土类型,从岩土热物性参数表中查取对应的热物性参数,然后根据各类型岩土沿深度的不同体积比例对岩土热物性参数进行加权平均,求得岩土的热物性参数。由于位置和深度不同,岩土类型和含水量变化较大;对于同类型岩土,由于含水量变化较大,岩土热物性参数变化较大,如中生代的砂岩,其导热系数为 2.3 ~ 4.5 W/(m·K) ,比热为 950 ~ 2 000 J/(kg·K) ;淤泥质土,其导热系数为 1.1 ~ 1.5 W/(m·K) ,体积比热为 3.0 ~ 3.6 MJ/(m³·K) 。因此,在工程应用中,使用土壤类型辨别法按照一个或几个钻孔样品来确定热物性参数误差较大。

二、稳态试验法

稳态试验法是一种实验室稳态测定法,可用于不同类型材料的导热系数的测定。稳态试验法基于稳态导热的原理,即在测试样品的两端保持恒定温差,当测试样品内各点的温度不再随时间变化后,通过测定热流量及测试样品中的温度梯度,利用傅里叶导热定律可求得导热系数。稳态试验法具有原理简单、计算方便、精度较高、试验时间短等特点。稳态试验法假设热量全部沿垂直于样品横截面的方向传递,不考虑径向热流损失,因此在主加热器的四周装有副加热器(保护加热器)来减小径向热量损失。由于稳态试验法的测试条件不能真实反映土壤的存在形式及径向热流损失的影响,该方法误差较大。另外,由于该方法只能测量出土壤导热系数,其他参数(如土壤的热扩散系数、密度、容积比热容等)还需其他方法测试,这也限制了其在实际工程中的应用。

三、数值模拟法

数值模拟法指根据土壤源热泵施工现场地质勘察资料,建立地埋管系统模型,然后利用计算机数值模拟计算土壤热物性的方法。该方法具有计算速度快、成本低等特点;但数值模拟法计算结果的准确性依赖于地质勘察资料、物理模型及网格划分精度、物理参数准确性、计算模型精度。由于计算模型简化忽略了许多现场影响因素,地质勘察资料代表性对计算结果影响大,需要专业模拟软件,计算结果有一定误差等原因。

四、非稳定热流法

非稳定热流法是在待测岩土中引入一个具有一定几何形状的热源,通过测量热源附近介质和热源表面温度随时间的变化,来计算导热系数。这种方法由于测量时间短、测量精度与稳态试验法相当,近几年得到了较快发展。用于导热系数测量的非稳定热流法有很多种,如瞬态热丝法、探针法和平板准稳态法等,其中应用较多的探针法既可用于实验室测试也可用于现场测试。非稳定热流法测试时间短(一般不超过 20 min),可同时计算出多个热性能参数(导热系数和容积比热容)。

热探针法具有成本低、测定仪器简单、测定时间短和准确度高等优点,尤其适合测定含有水分的颗粒状材料,在测试土壤热物性时基本上保持原有的密度和孔隙度,由于其测试时间短,对土壤的含水率等物性影响不大,因而使测试结果更加准确可靠。在实验室中采用热探针法可以准确测出土壤热物性参数。但在现场测试中,由于地质结构非常复杂,地埋管系统钻井深度通常在 50 m 以上,很难采用热探针法测试大深度土壤导热系数,大大限制了热探针法在现场热物性的应用。

五、现场热响应试验法

现场热响应试验法指在地埋管换热器施工现场钻取测试井,测试井深度与实际井深一致。测试时,地埋管与热物性测试设备循环管道相连形成封闭环路,利用加热器或热泵向地埋管换热器管路中的流体输入热量或冷量,使流体流经地下换热器时与地下岩土进行热交换,同时不断测量记录地埋管换热器入口、出口流体温度和流量等数据,最后利用传热模型可计算岩土的热物性参数。

在进行现场热响应试验时,影响热响应试验的主要因素包括以下几种。

(一)测试井的代表性影响

热响应测试的主要目的为地埋管换热器设计与施工提供准确的计算参数,因此测试井必须具有很强的代表性。在大型项目上，为了解决测试井不能准确代表整个埋管区土壤热物性的问题，应在施工现场选择 2 个及以上测试井进行测试，取其平均值，同时，测试井应与地埋管钻井的钻井深度、埋管材料、回填材料、传热介质相同。

（二）试验周期的影响

在计算岩土热物性测试参数时，为了得到稳定、准确的岩土热物性参数，必须提供足够长时间（热物性测试设备进出水温度稳定一段时间）的测试数据，因过短时间的测试数据将造成计算结果误差较大。为了获得稳定的岩土热物性数据，必须保证一定的测试时间，相关研究结果推荐测试时间应保持在 48 h 以上。在《地源热泵系统工程技术规范》（GB 50366）中也规定，热物性测试试验时间必须保证在 48 h 以上。

（三）供电稳定性的影响

在线热源及圆柱热源模型假设中，都要求恒定的热流密度，因此在整个测试周期中供电电压的稳定性是保证恒定热流密度的关键，若供电电压不稳定，则很难保证恒定的热量输入，为了减小电压波动所造成的影响，可以将输入的热量分解为阶梯状稳定热流输入，然后再叠加到时间轴上。这样，任何给定时间点上的热量输入可以描述为一系列时间间隔上热量输入之和。

（四）热损失或热增益的影响

热物性测试装置在测试过程中，测试设备及连接管的热损失或热增益会对测试结果造成很大影响，即使热损失（或热增益）热量相对较小，在利用线热源模型进行分析时也会给数据分析带来很大影响。所以，热物性测试装置和连接管应做好绝热和保温。

（五）不同深度土壤热导率的变化的影响

在进行热响应测试时，通常假定土壤导热系数沿钻孔深度方向不变。但实际工程中，土壤导热系数随土壤类型、土壤含水率变化而变化，故一般热响应测试只能得出所有地层导热系数的平均值。

（六）地下水流动的影响

地下水流动可以加快地埋管与周围岩土体的热量交换，由于地下水文地质条件非常复杂，对于大型土壤源热泵工程，由于埋管面积较大，地下水径流速度变化较大，地下水流动会对热物性测试造成一定影响。

影响热响应试验结果的因素还包括确定土壤初始温度的试验时间、回填材料的类型、换热器内循环介质的流速、埋管布局、换热器类型等。

现场热响应试验由于真实地模拟了地源热泵的实际运行情况，其试验数据可认为是系统实际运行的数据，因而利用现场热响应试验测量地下土壤的热物性参数无疑是进行地源热泵换热器设计的最佳方法。由于现场热响应试验法具有操作简单、测量方便、数据分析原理成熟、结果准确等特点，所以在实际工程中得到了广泛应用，本章下面重点介绍现场热响应试验法热物性测试。

第三节　现场热响应试验法测试步骤及技术要求

一、现场热响应试验原理

所谓现场热响应试验法,是在要埋设地下埋管换热器的现场钻孔打井,井深度与实际井深一致。测试时,地下埋管换热器和测试系统内部的循环管道相连形成封闭环路,利用加热器或热泵向循环管路中的流体输入热量或冷量,当流体流经地下换热器时与地下岩土进行热交换,同时利用各种传感器测得流体入口、出口温度和流量等数据,利用传热模型可计算出岩土的热物性参数。

二、岩土热响应试验过程

(1)测试孔施工完毕,并验收合格。

(2)平整测试孔周边场地,提供水电接驳点。

(3)测试仪器与测试孔 U 形管连接,并做好连接管保温。

(4)水、电等外部设备连接完毕后,应对测试设备本身及外部设备的连接再次进行检查。

(5)启动热物性测试设备,检查设备工作是否正常、水管接口是否漏水、保温是否良好。

(6)在岩土热响应试验过程中,及时检查测试仪器、设备工作状态及水箱是否缺水,并做好测试设备保护工作。

(7)待设备运转稳定后开始读取、记录试验数据,测试岩土初始温度。

(8)测试试验完成后,应保护好测试孔。

(9)根据试验数据,计算岩土综合热物性参数。

三、岩土热响应试验技术要求

(1)岩土热响应测试中应遵守国家、地方、安全、防火、环境保护等相关规定。

(2)测试孔施工应由具有相应资质的专业队伍承担,施工质量符合规范规定。

(3)测试孔深度应与实际钻孔深度一致。

(4)热物性测试应在测试孔完成并放置48 h后进行。

(5)测试仪表应具有检验合格证、校准证书或测试证书,并应在有效期内。

(6)测试现场应提供稳定的电源,具备可靠的测试条件。

(7)测试设备外部连接时,应遵循先接水管、后接电源的原则。

(8)应减少弯头、变径连接数量,连接管应做好保温,保温层厚度应不小于 10 mm。

(9)输入电压应稳定并符合规范要求,加热功率测量误差应不大于 ±1%,流量测量误差应不大于 ±1%,温度测量误差应不大于 ±0.2 ℃。

(10)岩土热响应试验应连续不间断,持续时间不宜少于48 h。

(11)恒功率测试时,试验期间加热功率应保持恒定。

(12)地埋管换热器的出口温度稳定后,其温度宜高于岩土初始平均温度 5 ℃以上且维持时间不应少于12 h。

(13)地埋管换热器内流速应不低于 0.2 m/s。

(14)试验数据读取、记录的时间间隔应不大于 10 min。

四、热物性测试数据处理

由于地埋管与周围土壤换热涉及传热、热对流等换热过程,换热量与地埋管材质、流体种类、流态、周围土壤种类、土壤含水率、地下水径流流速、回填材料、土壤初始温度、地埋管直径、埋深等因素密切相关,同时各因素相互耦合,热物性计算过程非常复杂。为方便工程应用,热物性计算通常采用线热源模型和圆柱热线模型进行计算,其中尤其以线热源模型应用最为广泛。

线热源模型综合考虑了地埋管换热过程中的主要影响因素,忽略了部分次要因素影响,简化了计算过程,其计算精度满足实际工程应用要求,方便了现场热响应试验法数据处理。

线热源模型作了如下假设:忽略 U 形管轴向的传热,只考虑径向的一维导热;土壤是均匀的,在整个传热过程中土壤的热物性不变;忽略土壤中水分迁移的影响;忽略 U 形管管壁与回填料、回填料与土壤之间的接触热阻;忽略地表面温度波动对土壤温度的影响,认为土壤温度均匀一致;忽略钻孔的几何尺度而把钻孔近似为轴心线上无限大的线热源;管内热流恒定。线热源模型极大方便了热物性计算,提高了热物性现场测试的工程应用性。

(1)采用线热源理论,假定钻孔周围岩土体传热为纯导热方式。土体为各向同性的均质体,当系统加热功率恒定时,载热流体平均温度 $T_f(t)$ 可表示为

$$T_f(t) - T_\infty = \frac{q_c}{4\pi\lambda_s}\left\{\ln\left(\frac{4\alpha t}{r_b^2}\right) - \gamma\right\} + q_c R_b = \frac{q_c}{4\pi\lambda_s}\ln(t) + q_c\left\{R_b + \frac{1}{4\pi\lambda_s}\left[\ln\left(\frac{4\alpha}{r_b^2}\right) - \gamma\right]\right\}$$

(11-1)

式中 $T_f(t)$——载热流体的平均温度,℃;

     q_c——加热试验时单位长度钻孔的加热量,W/m;

     T_∞——土壤初始温度,℃;

     λ_s——土壤导热系数,W/(m·K);

     t——加热时间,s;

     r_b——钻孔半径,m;

     R_b——钻孔热阻,(m²·K)/W

     γ——欧拉常数,0.577 2;

     α——热扩散率,m²/s,$\alpha = \lambda_s\rho C_m$,$\rho$ 为土壤密度,kg/m³,C_m 为埋管深度范围内土壤的平均比热容,J/(kg·K)。

(2)用线热源理论,通过试验求土壤的热传导系数 λ_s。

加热功率恒定时,式(11-1)可简写为

$$T_f(t) = k\ln(t) + b$$

(11-2)

式中,$b = q_c\left\{R_b + \frac{1}{4\pi\lambda}\left[\ln\left(\frac{4\alpha}{r_b^2}\right) - \gamma\right]\right\} + T_\infty$,$k = \frac{q_c}{4\pi\lambda_s}$

式(11-2)表明,载热流体平均温度与加热时间的自然对数成正比,根据测试结果作出载热流体平均温度与时间对数的关系曲线(理论上为直线),确定曲线斜率 k,由式(11-3)求出土壤导热系数:

$$\lambda_s = \frac{q_c}{4\pi k} \tag{11-3}$$

（3）利用线热源理论，根据热物性测试数据求钻孔热阻 R_b：

$$R_b = \frac{b - T_\infty}{q_c} - \frac{1}{4\pi\lambda_s}\left(\ln\frac{4\alpha}{r_b^2} - \gamma\right) \tag{11-4}$$

（4）单位深度钻孔散热量、取热量计算。

设试验工况时，载热流体的平均温度为 $T_{f试验}$，单位散热量为 $q_{c试验}$，则根据式（11-1）可得试验工况时载热流体平均温度 $T_{f试验}$ 满足下式：

$$T_{f试验} - T_\infty = \frac{q_{c试验}}{4\pi\lambda_s}\left\{\ln(t) + \left[R_b + \frac{1}{4\pi\lambda_s}\left(\ln\frac{4\alpha}{r_b^2} - \gamma\right)\right]\right\} \tag{11-5}$$

设释热工况时，载热流体的平均温度为 $T_{f释热}$，单位释热量为 $q_{c释热}$，则根据式（11-1）可得释热工况时载热流体平均温度 $T_{f释热}$ 满足下式：

$$T_{f释热} - T_\infty = \frac{q_{c释热}}{4\pi\lambda_s}\left\{\ln(t) + \left[R_b + \frac{1}{4\pi\lambda_s}\left(\ln\frac{4\alpha}{r_b^2} - \gamma\right)\right]\right\} \tag{11-6}$$

在地源热泵载热流体平均温度变化范围内，土体的热传导系数 λ_s、钻孔热阻 R_b、土壤热扩散率 α 变化很小，可忽略不计，而钻孔半径 r_b、欧拉常数 γ 又为常数。故将式（11-5）除以式（11-6）得

$$\frac{T_{f试验} - T_\infty}{T_{f释热} - T_\infty} = \frac{q_{c试验}}{q_{c释热}} \tag{11-7}$$

由式（11-7）可得释热工况时，单位孔深释热量为

$$q_{c释热} = \frac{T_{f释热} - T_\infty}{T_{f试验} - T_\infty}q_{c试验} \tag{11-8}$$

式中　$q_{c试验}$——试验工况时载热流体的单位孔深释热量，W/m；

　　　$q_{c释热}$——释热工况时载热流体的单位孔深释热量，W/m；

　　　$T_{f试验}$——载热流体试验工况时的平均温度；

　　　$T_{f释热}$——载热流体释热工况时的平均温度；

　　　T_∞——土壤的初始温度。

设取热工况时，载热流体的平均温度为 $T_{f取热}$，单位释热量为 $q_{c取热}$，则根据式（11-1）可得取热工况时载热流体平均温度 $T_{f取热}$ 应满足下式：

$$T_{f取热} - T_\infty = \frac{q_{c取热}}{4\pi\lambda_s}\left\{\ln(t) + \left[R_b + \frac{1}{4\pi\lambda_s}\left(\ln\frac{4\alpha}{r_b^2} - \gamma\right)\right]\right\} \tag{11-9}$$

与推导式（11-8）同理，将式（11-5）除以式（11-9）得：

$$\frac{T_{f试验} - T_\infty}{T_{f取热} - T_\infty} = \frac{q_{c试验}}{q_{c取热}} \tag{11-10}$$

由式（11-10）可得取热工况时，单位孔深取热量为

$$q_{c取热} = \frac{T_{f取热} - T_\infty}{T_{f试验} - T_\infty}q_{c试验} \tag{11-11}$$

地埋管换热孔的换热量与地埋管材质、流体种类、流态、周围土壤种类、土壤赋水性、地下水径流速度、回填材料、土壤初始温度等因素密切相关，直接影响着地埋管换热器的换热

量大小。由于地下土壤结构、地下水分布非常复杂，为了科学、准确地确定地埋管换热井数量、埋管换热器设计前需对现场进行科学的热物性测试，依据热物性测试结果合理进行换热侧地埋管系统设计。

五、岩土热响应试验报告的内容

（1）项目概况。

（2）测试方案。

（3）依据参考标准。

（4）测试过程中参数的连续记录，应包括循环水流量、加热功率、地埋管换热器的进出口水温。

（5）项目所在地岩土柱状图。

（6）岩土热物性试验结果。

（7）测试条件下，钻孔单位延米换热量。

由于现场热响应试验与土壤源热泵实际运行情况相似，其试验数据可以有效反映土壤源热泵系统实际运行情况，因而利用现场热响应试验测量地下土壤的热物性参数无疑是进行地源热泵换热器设计的最佳方法。

随着土壤源热泵技术的不断发展与广泛应用，土壤源热泵系统工程项目日益增多。同时一些在设计、施工、运行中潜在的问题也逐渐暴露出来。设计环节是整个土壤热泵系统的关键环节，合理的设计是保证系统良好运行、实现其节能环保、达到建筑节能目的的关键。土壤的热物性参数是土壤源热泵系统在设计、运行等诸多环节中最基本、最重要的参数，是计算地下浅层能量平衡、能量分布特征和蓄能能力的基本参数，直接影响着浅层地热能的可持续开发和利用。因此，准确测定土壤热物性并掌握其变化规律，是土壤源热泵系统发挥其节能、经济、环保等优势的重要保障。

参 考 文 献

[1] 中华人民共和国住房和城乡建设部. GB 50296—2014 管井技术规范[S]. 北京:中国建筑工业出版社, 2009.

[2] 中华人民共和国建设部. GB 50366—2005 地源热泵系统工程技术规范(2009 版)[S]. 北京:中国建筑工业出版社, 2009.

[3] 中华人民共和国建设部. GB 50243—2002 通风与空调工程施工质量验收规范[S]. 北京:中国建筑工业出版社, 2002.

[4] 沈阳市城乡建设委员会. GB 50242—2002 建筑给水排水及采暖工程施工质量验收规范[S]. 北京:中国建筑工业出版社, 2002.

[5] 国家质量技术监督局. GB/T 13663—2000 给水用聚乙烯(PE)管材[S]. 北京:中国标准出版社, 2001.

[6] 中华人民共和国建设部. CJJ 101—2004 埋地聚乙烯给水管道工程技术规程[S]. 北京:中国建筑工业出版社, 2004.

[7] 陈莹. 地埋管地源热泵回填材料实验研究[D]. 北京:中国地质大学, 2008.

[8] 徐立, 倪寿胜, 蔚云武. 地源空调地埋管钻孔施工技术在镇江城际铁路项目上的应用[J]. 建筑节能, 2010, 38(3):66-68.

[9] 郭军平. 地源热泵地埋管换热器施工的监理控制点[J]. 建筑管理, 2013(3):57-59.

[10] 何育苗. 地源热泵空调系统地埋管施工[J]. 施工技术, 2010, 39(3):99-102.

[11] 徐伟. 地源热泵技术手册[M]. 北京:中国建筑工业出版社, 2011.

[12] 陈晓. 地表水源热泵理论及应用[M]. 北京:中国建筑工业出版社, 2011.

[13] 徐伟. 地源热泵工程技术指南[M]. 北京:中国建筑工业出版社, 2007.

[14] 区正源, 刘忠诚, 肖小儿. 土壤源热泵空调系统设计及施工指南[M]. 北京:机械工业出版社, 2011.

[15] 马最良, 吕悦. 地源热泵系统设计与应用[M]. 北京:机械工业出版社, 2013.

[16] 刘耀华. 安装技术[M]. 北京:中国建筑工业出版社, 1997.

[17] 清华大学建筑节能研究中心. 中国建筑节能年度发展研究报告[R]. 北京:中国建筑工业出版社, 2014.

[18] 马最良, 姚杨, 姜益强, 等. 热泵技术应用理论基础与实践[M]. 北京:中国建筑工业出版社, 2010.

[19] 徐伟. 中国地源热泵发展研究报告(2013)[M]. 北京:中国建筑工业出版社, 2010.

[20] 郭伟, 刘贵和, 王清江. 钻井工程[M]. 2 版. 北京:石油工业出版社, 2015.

[21] 中华人民共和国国家质量检验检疫总局. GB/T 18991—2003 冷热水系统用热塑性塑料管材和管件[S]. 北京:中国建筑工业出版社, 2003.

[22] 龙天渝, 蔡增基. 流体力学[M]. 北京:中国建筑工业出版社, 2004.

[23] 陆耀庆. 实用供热空调设计手册[M]. 2 版. 北京:中国建筑工业出版社, 2008.

[24] 肖智光, 吴嗣跃, 薛小红. 管道泄漏检测技术应用分析[J]. 管道技术与设备, 2009, 12(2):23-26.

[25] 王维想, 李婷, 马林. 浅析地源热泵系统节能运行管理[J]. 设备管理与改造, 2011(27):90-91.

[26] 上海市地矿工程勘察院. DG/T J08—2119—2013 地源热泵系统工程技术规程[S].

[27] 中国有色金属工业协会. YS 5205—2000 岩土工程现场描述规程[S]. 北京:中国计划出版社, 2000.

[28] 中华人民共和国建设部. GB 50013—2006 室外给水设计规范[S]. 北京:中国建筑工业出版社, 2014.

[29] 中华人民共和国水利部. SL 154—2013 机井井管标准[S]. 北京:中国水利水电出版社, 2013.

[30] 刘东柱. 采用综合、特色洗井法改善地热井完井指标[J]. 地热能,2011(3):19-21.

[31] 牛权森,顾冬梅,许斌. 水源热泵取注水井设计方法初探[J]. 地下水,2002,24(1):25-27.

[32] 楼世竹,徐帆. 地下水地源热泵系统应用的若干技术问题[J]. 地源热泵产业专栏,2008(11):34-36.

[33] 张子祥. 水文孔成井阶段的洗井方法和适用条件[J]. 甘肃地质,2006,15(2):89-92.

[34] 薛玉伟,李新国,赵军. 地下水水源热泵的水源问题研究[J]. 能源工程,2003(2):10-13.

[35] Haves P. Overview of diagnostic methods [C]//Proceedings of Diagnostics for Commercial Buildings:From Research to Practice, San Francisco, CA; 1999.

[36] Ann B C, Mitchell J W, MclntoshL B D. Model-based fault detection and diagnosis for cooling towers[J]. ASHRAE Transactions ,2001,107(1):839-846.

[37] Lee W Y, House J M, Shin D R. Fault diagnosis and temperature sensor recovery for an air-handling unit [J]. ASHRAE Transactions,1997, 103(1):621-633.

[38] 中华人民共和国住房和城乡建设部.CJJ/T 13—2013 供水水文地质钻探与管井施工操作规程[S]. 北京:中国建筑工业出版社,2013.